国网浙江省电力有限公司检修分公司 / 编

电力设备带电检测及典型案例

中国电力出版社
CHINA ELECTRIC POWER PRESS

内 容 提 要

本书主要围绕电力设备带电检测展开，共分为十章。第一章为特高频局部放电检测技术，第二章为超声波局部放电检测技术，第三章为红外热像检测技术，第四章为红外成像检漏技术，第五章为紫外成像检测技术，第六章为高频局部放电检测技术，第七章为避雷器带电检测技术，第八章为电容型设备相对介质损耗因数及相对电容量检测技术，第九章为油中溶解气体分析技术，第十章为 SF_6 气体状态检测技术。

本书理论结合实际、通俗易懂、案例丰富。可供各省、市电力公司电气试验人员或相关电力工程技术企业人员学习和培训使用，也可供从事相关专业管理工作的技术人员或大专院校师生学习参考。

图书在版编目（CIP）数据

电力设备带电检测及典型案例 / 国网浙江省电力有限公司检修分公司编 . —北京：中国电力出版社，2020.11（2024.5 重印）
ISBN 978-7-5198-4670-1

Ⅰ . ①电… Ⅱ . ①国… Ⅲ . ①电力设备－带电测量 Ⅳ . ① TM4 ② TM93

中国版本图书馆 CIP 数据核字（2020）第 080152 号

出版发行：中国电力出版社
地　　址：北京市东城区北京站西街 19 号（邮政编码 100005）
网　　址：http: //www.cepp.sgcc.com.cn
责任编辑：肖　敏　（010-63412363）
责任校对：黄　蓓　郝军燕
装帧设计：张俊霞
责任印制：石　雷

印　　刷：三河市万龙印装有限公司
版　　次：2020 年 11 月第一版
印　　次：2024 年 5 月北京第二次印刷
开　　本：787 毫米 ×1092 毫米　16 开本
印　　张：17.75
字　　数：332 千字
印　　数：1501—2500 册
定　　价：90.00 元

编委会

前言 Preface

随着时代和经济社会的发展，电网规模不断扩大，社会对供电可靠性的要求越来越高。规模庞大的电网中由新设备质量良莠不齐、旧设备逐年老化所引发的问题给设备运维检修和状态诊断带来了较大的压力。为适应电网快速发展和状态检修工作的要求，电力设备带电检测技术近年来在电力系统得到了广泛研究和应用。带电检测可实现在不停电情况下对电力设备进行状态检测和预判，为停电检修的开展提供依据，有效减少设备故障发生概率。但由于带电检测技术和检测仪器的专业性，现场检测规范性、准确性和检测经验都可能影响到结果的正确与否，严重时会导致对设备状态的误判。为此，国网浙江省电力有限公司检修分公司组织电气试验方面技术水平出众、现场检测经验丰富的专业人员编写了本书。

全书共十章，分别介绍了特高频局部放电检测技术、超声波局部放电检测技术、红外热像检测技术、红外成像检漏技术、紫外成像检测技术、高频局部放电检测技术、避雷器带电检测技术、电容型设备相对介质损耗因素及相对电容量检测技术、油中溶解气体分析技术、SF_6 气体状态检测技术的基本原理、注意事项、检测流程、异常诊断和典型现场检测案例，可对现场带电检测工作起到切实的指导学习作用。

本书的重点在于介绍各类带电检测方法的基本原理和检测技术要点，并提供大量的现场实际带电检测案例，希望这些现场多年积累的工作成果和宝贵经验，能对从事电力设备带电检测工作的人员有所帮助，提高带电检测技术水平和数据分析能力。

由于作者水平有限，书中难免存在诸多错误或不足之处，恳请各位专家和读者批评指正。

编　者

2020 年 5 月

目录 Contents

第一章
特高频局部放电检测技术

第一节 特高频局部放电检测技术基本原理

一、特高频局部放电基本原理

电力设备内部发生局部放电时，会在设备内部激励出频率高达数吉赫的电磁波，GIS 中的局部放电电流脉冲具有极陡的上升沿，其上升时间为纳秒级，在 GIS 腔体构成的同轴结构中传播，并沿气室间隔之间的盆式绝缘子等非金属缝隙传出。特高频（Ultra High Frequency）（300～3000MHz）局部放电检测技术就是利用装设在 GIS 盆式绝缘子外部的外置式特高频传感器或 GIS 内部的内置式特高频传感器，接收局部放电辐射出的特高频电磁波信号，实现局部放电的检测。特高频局部放电信号在 GIS 中的传播及检测原理如图 1-1 所示。

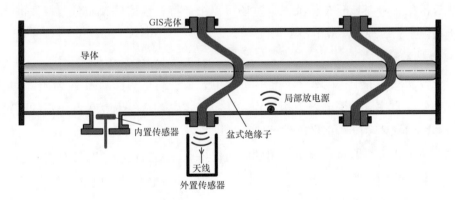

图1-1　特高频局部放电信号在GIS中的传播及检测

二、特高频检测法技术特点

（一）技术优势

和其他局部放电检测技术相比，具有以下显著的优点。

1. 检测灵敏度高

局部放电产生的特高频电磁波信号在 GIS 中传播时衰减较小，如果不计绝缘子等处的影响，1GHz 的特高频电磁波信号衰减仅为 3～5dB/km。而且由于电磁波在 GIS 中绝缘子等不连续处反射，还会在 GIS 腔体中引起谐振，使局部放电信号振荡时间加长，便于检测。因此，特高频检测法能具有很高的灵敏度。另外，与超声波检测法相比，其检测有效范围大得多，实现 GIS 在线监测需要的传感器数目较少。

2. 现场抗干扰能力强

由于 GIS 运行现场存在着大量的电气干扰，给局部放电检测带来了一定的难度。高压线路与设备在空气中的电晕放电干扰是现场最为常见的干扰，其放电能量主要在 200MHz 以下频率。特高频法的检测频段通常为 300MHz～3GHz，有效地避开了现场电晕等干扰，因此具有较强的抗干扰能力。

3. 可实现局部放电源定位

局部放电产生的电磁波信号在 GIS 腔体中传播近似为光速，其到达各特高频传感器的时间与其传播距离直接相关，因此，可根据特高频电磁波信号到达其附近两侧特高频传感器的时间差，计算出局部放电源的具体位置，实现局部放电源定位，为 GIS 设备的维修计划的制订、检修工作效率的提高提供了有力的支持。

4. 利于局部放电类型识别

不同类型的局部放电所产生的特高频信号具有不同的频谱特征。因此，除了可利用常规方法的信号时域分布特征以外，还可以结合特高频信号频域分布特征进行局部放电类型识别，实现局部放电类型诊断。

（二）技术局限性

（1）容易受环境中特高频电磁干扰的影响，在特高频的检测频率范围内，可能存在手机信号、雷达信号等电磁干扰信号，在敞开式变电站内也存在着较强的电磁干扰信号，会影响特高频检测的准确性。

（2）外置式传感器对全金属封闭的电力设备无法实施检测。对带金属法兰屏蔽环的 GIS、全金属封闭的变压器等电力设备，内部局部放电激发的电磁波无法传播出来，也就无法应用外置式传感器实施检测。

（3）尚未实现缺陷劣化程度的量化描述。目前，国内外尚没有该检测技术、检测装置的技术标准，同时受到电磁波信号传播路径、缺陷放电类型差异等因素的影响，虽然其检测信号幅值与缺陷劣化程度在趋势上具有一致性，但尚不能实现与脉冲电流法类似的缺陷劣化程度准确量化描述。

三、特高频检测装置

特高频局部放电检测装置主要由检测主机、分析主机、特高频传感器等部分组成。当检测到的信号较小时，也可选用放大器对传感器输出的电压信号进行处理与放大。

检测主机主要用于接收、处理传感器采集到的特高频局部放电信号，通过分析主机内安装的局部放电数据处理及分析诊断软件对数据进行处理，并识别放电类型、判断放电强度。对于电压同步信号的获取方式，通常采用主机电源同步、外电源同步及仪器内自同步三种方式，获得与被测设备所施电压同步的正弦电压信号，用于分析主机特征图谱的显示与诊断。

特高频传感器按结构形式分为外置式、内置式传感器两种。内置式传感器由 GIS 生产厂在制造时置入；外置式传感器可带电安装，一般安置在非金属屏蔽盆式绝缘子、金属屏蔽盆式绝缘子的浇注口、观察窗、接地开关的外露绝缘件等部位。特高频传感器安装示意图如图 1-2 所示。

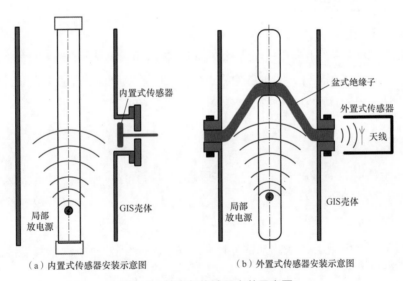

（a）内置式传感器安装示意图　　　　（b）外置式传感器安装示意图

图1-2　特高频传感器安装示意图

分析主机内的分析诊断软件通过脉冲序列相位分布谱图（PRPS）和局部放电相位分布谱图（PRPD）实时显示数据。PRPS 谱图是如图 1-3 所示的一种三维图，一般 x 轴表示相位，y 轴表示信号周期数量，z 轴表示信号幅值或强度。PRPD 谱图是如图 1-4 所示的一种平面点分布图，点的横坐标为相位、纵坐标为幅值，点的累积颜色深度表示此处放电脉冲的密度，根据点的分布情况可判断信号主要集中的相位、幅值及放电次数情况，并根据点的分布特征来对放电类型进行判断。

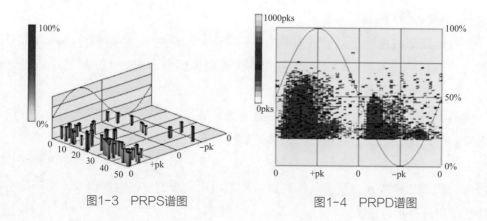

图1-3　PRPS谱图　　　　　　　图1-4　PRPD谱图

第二节　特高频局部放电现场检测与判断

一、现场检测的基本要求

1. 人员要求

（1）熟悉现场安全作业要求，能严格遵守电力生产和工作现场的相关安全管理规定。

（2）了解现场检测条件，明确各检测点位置，熟悉高处检测作业时的安全措施。

（3）作业人员身体状况和精神状态良好，未出现疲劳困乏或情绪异常。

（4）了解 GIS 设备的结构特点、工作原理、运行状况和导致设备故障分析的基本知识。

（5）熟悉特高频局部放电检测的基本原理、诊断程序和缺陷定性的方法，了解特高频局部放电检测仪的工作原理、技术参数和性能，掌握特高频局部放电检测仪的操作程序和使用方法。

（6）接受过 GIS 设备特高频局部放电带电测试的培训，具备现场测试能力，并具有一定的现场工作经验。

2. 安全要求

（1）应严格执行 Q/GDW 1799.1—2013《国家电网公司电力安全工作规程（变电部分）》的相关要求。

（2）应严格执行发电厂、变（配）电站巡视的要求。

（3）检测至少由两人进行，并严格执行保证安全的组织措施和技术措施。

（4）必要时设专人监护，监护人在检测期间应始终行使监护职责，不得擅离岗位或兼职其他工作。

（5）应确保操作人员及测试仪器与电力设备的高压部分保持足够的安全距离。

（6）应避开设备压力释放装置。

（7）测试现场出现明显异常情况时（如异音、电压波动、系统接地等），应立即停止测试工作并撤离现场。

3. 环境要求

（1）环境温度：$-10 \sim +55$℃。

（2）环境湿度：相对湿度不大于85%。

（3）大气压力：$80 \sim 110$kPa。

（4）室外检测应避免雷电、雨、雪、雾、露等天气条件。

4. 仪器要求

（1）仪器性能要求。

1）特高频局部放电带电检测仪应携带方便、操作便捷。

2）应采用充电电池供电，单次持续使用时间应不低于6h，采用交流电源充电时，仪器仍可正常使用。

3）检测频率范围在 $300 \sim 3000$MHz 之间，可根据需要选用其间的子频段。

4）信号采集单元动态范围应不小于40dB，在动态范围内检测结果应能有效反映局部放电强度的变化。

5）射频同轴电缆应耐磨、抗弯折，应具有良好的电磁屏蔽性能，长度应满足现场检测要求（如10m）。

6）绝缘性能：带电回路和金属外壳之间以及电气上无联系的各部分电路之间的绝缘电阻不应小于 20MΩ。检测装置电源端子和信号端子对地应能承受 2kV/1min 的工频耐压和5kV 标准雷电波（$1.2/50\mu s$）。

7）防护性能：应符合 GB/T 4208—2017《外壳防护等级（IP 代码）》标准规定的 IP51 级要求。

8）抗震性能：应能够耐受地面水平加速度 $0.25g$ 和地面垂直加速度 $0.125g$ 的振动试验。g 为地心引力加速度，9.8m/s^2。

9）电磁兼容性能：应满足 GB/T 17626.8—2006《电磁兼容　试验和测量技术　工频磁场抗扰度试验》标准规定的严酷等级 4 要求。

10）高速数字示波器：模拟带宽不低于 2GHz，采样速率不低于 10GS/s，通道数不应少于 2 个。

11）信号发生器：脉冲上升沿（20%~80%）小于等于 300ps，半波时间处于 $4 \sim 100$ns 范围内。

（2）仪器功能要求。

1）基本功能要求。

a. 应具备参数设置、参数调阅和时间对时等功能。

b. 应具备直观、正确地显示放电幅值、相位、放电频次等信息功能；具备报警阈值设定功能。

c. 应具备测试数据存储和导出功能，测试数据的存储和导出应包括图片和数据文件方式。

d. 应具有电压相位信号内同步或外同步功能，外同步采用变电站用交流电源直接接入或通过无线方式接入。

e. 应具备直观、正确地显示二维 PRPD 统计图谱、三维 PRPS 统计图谱、三维 PRPS 实时图谱，三维 PRPS 实时图谱具备录像和回放功能。

f. 检测结果图谱显示应具有一定的动态刷新速率，刷新频率不小于每秒 1 次。

g. 应具备通过移相的方式对测量信号进行观察和分析的功能。

2）高级功能要求。

a. 能够进行时域与频域的转换。

b. 应具备放电类型识别功能，应能判断 GIS 中的典型局部放电类型（自由金属颗粒放电、悬浮电位体放电、沿面放电、绝缘件内部气隙放电、金属尖端放电等），或给出各类局部放电发生的可能性，诊断结果应当简单明确。

c. 应具备历史数据对比分析功能。

d. 具备检测谱图显示及状态评价功能，能提供局部放电信号的幅值、相位、放电频次等信息中的一种或几种，并可采用波形、趋势图等谱图中的一种或几种进行展示，能对 GIS 进行运行状态评估和展示。

e. 宜具备在线监测功能，对疑似放电点进行长时间自动循环检测。

二、检测方法

1. 检测准备

收集 GIS 设备一次系统图、气隔图、内部结构图（必要时）、测点信息等；收集历史检修记录、试验数据；收集运行工况（在线监测报警信息、设备缺陷、不良工况、负荷状况）等资料；必要时，开展作业现场勘查。

开始局部放电检测前，应准备好以下仪器及主要辅助工器具：

（1）局部放电检测仪：用于接收、处理特高频传感器采集到的特高频局部放电信号。

（2）高速数字示波器：用于特高频局部放电信号源的定位。

（3）信号放大器：当测得的信号较微弱时，为便于观察和判断，需接入信号放大器。

（4）屏蔽带：用于屏蔽外部干扰信号。

（5）接地线：用于仪器外壳的接地，保护检测人员及设备的安全。

（6）绑带：用于将传感器固定在待测设备外部。

（7）非金属测量尺：测量气室长度，用于局部放电源定位。

（8）工作电源：为检测仪、示波器、放大器等提供电源，并提供相位同步信号。

2. 常规巡检

常规巡检流程主要包括检查设备状态、背景噪声测试、测试点选择、传感器安装和信号检测等工作。

（1）检查设备状态。进入室内 GIS 设备场所前，应确认 SF_6 气体和氧含量合格；现场检测环境与设备情况应符合 Q/GDW 11059.2—2013《气体绝缘金属封闭开关设备局部放电带电测试技术现场应用导则 第 2 部分：特高频法》中的相关要求。检测前应确认检测仪器自检工作正常，仪器应可靠接地，并正确设置参数。

（2）背景噪声测试。将传感器悬浮于空气中，将仪器调节到合适的最小量程，不断改变传感器的朝向，记录各个方向中最大的背景噪声值，保存图谱、并记录图谱编号。

（3）测试点选择。测试点选取应按以下要求执行：

1）在断路器、隔离开关、接地开关、电流互感器、电压互感器、避雷器、导体连接部件等处均应设置测试点；

2）三相共箱（三相分箱的每相）GIS 每个断路器间隔宜选取 2～3 个测试点，GIS 母线间隔每 5～10m 应选取 1 个测试点；

3）测试点的位置应与上次一致，以便于进行比较分析。

（4）传感器安装。在 GIS 非金属屏蔽的盆式绝缘子、金属屏蔽盆式绝缘子浇注口、观察窗、接地开关外露绝缘件等部位安装传感器，或利用内置式传感器进行检测。

（5）信号检测。

1）打开连接传感器的检测通道，进入实时 PRPS 图谱模式，观察检测信号，每个测点时间不少于 30s；

2）查看各通道实时 PRPD、PRPS 图谱，进行比较分析；

3）保存 PRPD、PRPS 图谱，并记录图谱编号及被测点信息；

4）如果检测信号无异常，退出并改变检测位置继续下一点检测，直到所有测点检测完毕，完成常规巡检。

3. 精确检测

在常规巡检的基础上，对异常信号区域按照本节第三部分的要求进行干扰识别和抑制，确认为 GIS 设备内部异常信号时，应对信号源进行强度定位和时差精确定位，并结合多种手段判断内部放电类型。

4.检测终结

工作班成员应整理原始记录，由工作负责人确认检测项目齐全，核对原始记录数据是否完整、齐备，并签名确认。检测工作完成后，应编制检测报告，工作负责人对其数据的完整性和结论的正确性进行审核，并及时向上级专业技术管理部门汇报检测项目、检测结果和发现的问题。

三、诊断方法

当检测发现信号异常时，应首先查找可能存在的外部干扰源，尽可能对其进行抑制，确定信号是否来自设备内部。然后在临近测点进行检测，如果能够检测到相似信号，即可使用示波器时差法对信号源进行定位，以判断信号源具体位置。随后，采用超声波检测、SF_6 分解物、信号频谱分析等多种手段，结合设备内部结构，进行放电类型与放电位置的综合分析判断。特高频异常诊断流程如图 1-5 所示。

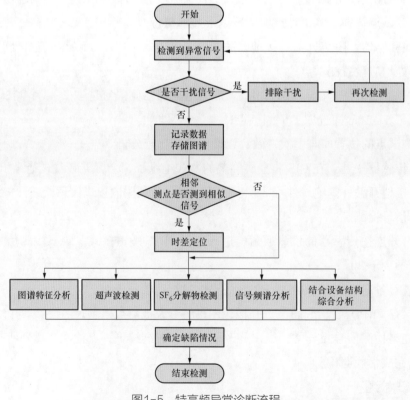

图1-5　特高频异常诊断流程

1. 干扰识别和抑制

由于电网设备运行现场存在大量的电磁干扰，影响特高频局部放电检测的准确判断。因此，当背景噪声测试和精确检测发现异常信号时，都应先进行干扰识别和抑制。

（1）干扰识别。当检测到异常信号，应综合以下方法进行干扰判断：

1）干扰位置判断：将传感器朝向外侧，重新检测该处的空间背景噪声，如果异常信号仍存在，或信号变强，则判断该异常信号极有可能来自外部干扰；如果背景噪声不存在异常信号，或信号减弱，则判断该异常信号可能来自 GIS 内部。

2）图谱判断：通常局部放电信号由一串重复的典型放电脉冲组成。局部放电信号通常具有工频关联性，每 10ms（工频半波）或 20ms（工频周波）重复出现若干放电脉冲。如果不符合以上两个特征，则可能是干扰信号。

3）常见的干扰信号源主要有：移动通信和雷达等无线电干扰，变电站架空线上尖端放电干扰，变电站高电压环境中存在的浮电位体放电干扰，照明、风机等电气设备中存在的电气接触不良产生的放电干扰，断路器、隔离开关操作产生的短时放电干扰等。典型干扰信号图谱见表 1–1。

表1–1　　　　　　　　　　　　　　　典型干扰信号图谱

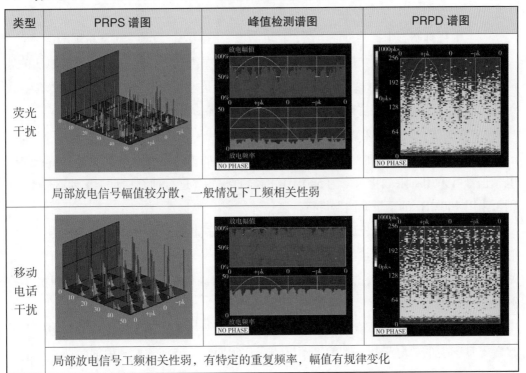

类型	PRPS谱图	峰值检测谱图	PRPD谱图
荧光干扰			
局部放电信号幅值较分散，一般情况下工频相关性弱			
移动电话干扰			
局部放电信号工频相关性弱，有特定的重复频率，幅值有规律变化			

续表

类型	PRPS 谱图	峰值检测谱图	PRPD 谱图
马达干扰	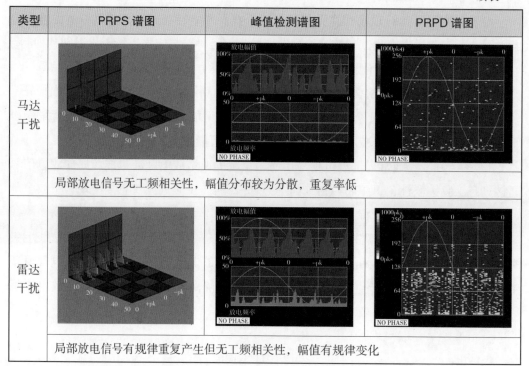		
局部放电信号无工频相关性，幅值分布较为分散，重复率低			
雷达干扰			
局部放电信号有规律重复产生但无工频相关性，幅值有规律变化			

（2）干扰抑制。干扰的抑制方法包括屏蔽法、滤波法、背景干扰测量屏蔽法。

1）屏蔽法：干扰信号主要来自 GIS 外部，对盆式绝缘子非金属法兰、接地开关外露绝缘件加装屏蔽带，可减小对内置式传感器的干扰。对于外置式传感器，也在盆式绝缘子非耦合区域的加装屏蔽带，减小外部空间干扰的影响。

2）滤波法：对于变电站中常见的电晕放电干扰（主要集中在 200MHz 以下频段）和移动通信等确定频段的干扰信号，可以通过滤波的方法进行有效抑制。对于较强的电晕信号可采用下限截止频率为 500MHz 的高通滤波器进行抑制；对于移动通信干扰，则可采用 900MHz 的窄带滤波器进行抑制。

3）背景干扰测量屏蔽法：在被检测盆式绝缘子附近放置一背景噪音传感器，同时检测周围环境中的电磁波信号。使用软件自动分析来自盆式绝缘子上的信号与来自噪声传感器的信号，并将背景噪声传感器相同的信号滤掉，从而达到抗干扰效果。

对于变电站高电压环境中存在的浮电位体放电干扰和外部电气设备中存在的电气接触不良产生的放电干扰，其信号频谱特征和脉冲波形特征与 GIS 内部的局部放电非常相似，难以通过滤波和屏蔽等措施有效消除，也难以有效识别和区分。对于这类外部放电产生的干扰，可以通过放电源定位进行有效识别和排除。

2. 精确检测

在常规巡检的基础上，对异常信号区域进行干扰识别和抑制，确认为 GIS 设备内部异常信号，可采用幅值定位法和时差定位法对放电源进行定位。

（1）幅值定位法。根据距离放电源最近的传感器检测到的信号最强的原理，当多个点同时检测到放电信号时，信号强度最大的检测点可判断为最接近放电源的位置；当只在一个测点能够检测到放电信号时，此测点可判断为最接近放电源的位置。

该方法的准确性在某些场合将受到限制，当放电信号很强时，在较小的距离范围内难以观察到明显的信号强度变化，使定位困难；当 GIS 外部存在干扰放电源时，也会在 GIS 的不同位置产生强度类似的信号，难以有效定位，同时也难以区分 GIS 内部或外部的放电。

（2）时差定位法。根据幅值定位法检测结果，测量疑似放电源位置左右两个传感器获得信号的时间差，利用式（1-1）即可计算得到局部放电源的具体位置，实现局部放电源的精确定位。时差精确定位法定位示意图如图 1-6 所示。

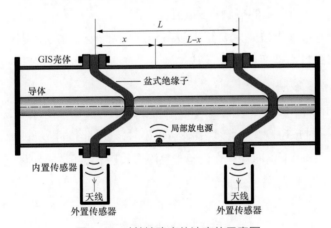

图1-6　时差精确定位法定位示意图

$$x = \frac{1}{2}(L - c\Delta t) \tag{1-1}$$

式中　　x——放电源距离左侧传感器的距离，m；

　　　　L——两个传感器之间的距离，m；

　　　　c——电磁波传播速度，为 3×10^8 m/s；

　　　　Δt——两个传感器检测到的时域信号波头之间的时差，s。

四、判断标准

1. 正常判断标准

根据幅值、相位、图谱等来综合判断测量的信号是否正常，正常信号判断标准如下：

（1）检测信号的幅值与背景基本相同。

（2）检测信号无相位相关性。

（3）无典型局部放电图谱特征。

2. 异常判断标准

参考仪器内置专家分析系统对检测到信号进行自动判定的结果，同时把所测谱图与典型放电谱图进行比较，确定异常图谱类型，并结合设备内部结构、其他手段检测结果进行综合分析，最终判断局部放电缺陷类型。常见的异常放电类型包括自由金属颗粒放电、悬浮电位放电、绝缘缺陷放电、电晕放电等。

自由金属颗粒放电：该类缺陷主要由设备安装过程或断路器动作过程产生的金属碎屑引起。随着设备内部电场的周期性变化，该类金属微粒表现为随机性移动或跳动现象，当微粒在高压导体和低压外壳之间跳动幅度加大时，则存在设备击穿危险，应给予重视。

悬浮电位放电：是指设备内部某一金属部件与导体（或接地体）失去电位连接，存在一较小间隙，从而产生的接触不良放电。

绝缘缺陷放电：该类缺陷主要是由设备绝缘内部存在空穴、裂纹、绝缘表面污秽引起的设备内部非贯穿性放电现象，该类缺陷与工频电场具有明显的相关性，是引起设备绝缘击穿的主要威胁。

电晕放电：该类缺陷主要由设备内部导体毛刺、外壳毛刺等引起，是气体中极不均匀电场所特有的一种放电现象。该类型缺陷较小时，往往会逐渐烧蚀掉，对设备的危害较小，但在过电压作用下仍旧会存在设备击穿隐患，应根据信号幅值大小予以关注。

典型局部放电信号图谱见表1—2。

表1—2 典型局部放电信号图谱

类型	PRPS 图谱	峰值检测图谱	PRPD 图谱
自由金属颗粒放电	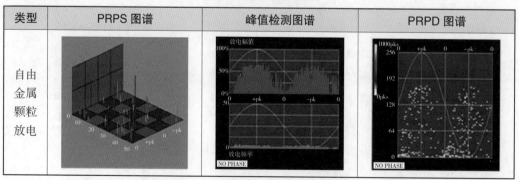		

续表

类型	PRPS 图谱	峰值检测图谱	PRPD 图谱
	放电在整个周期和360°相位杂乱分布，没有任何明显的相位特征，整个周期内任何时刻都有可能出现放电，极性效应不明显；放电重复率很低，放电较为稀疏，间歇性明显；放电幅值不稳定，变化较大；电压等级提高，放电幅值增大但放电间隔降低		
悬浮电位放电	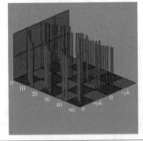	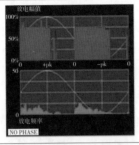	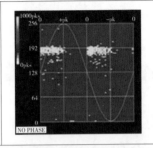
	局部放电信号在整个工频周期内分布，在工频信号的正、负半周期均有放电，主要集中在第一、第三象限，放电相位特征明显；放电次数较少，但放电幅值较大较稳定，放电重复率较低；PRPS谱图具有"内八字"或"外八字"分布特征		
绝缘缺陷放电	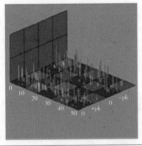	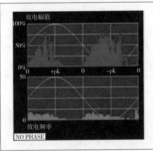	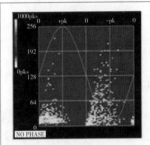
	放电信号在工频相位的正、负半周均会出现，且具有一定对称性，放电幅值较分散，且放电次数较少；随电压的逐渐增大，放电重复率明显增大，放电幅值也明显增大；对于绝缘子气泡放电，将会有独特的"兔耳"形状脉冲信号		
电晕放电	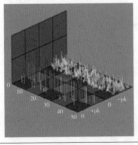	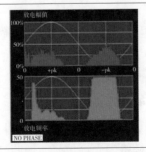	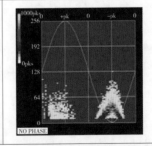
	电晕放电的极性效应非常明显，通常在工频相位的负半周或正半周出现，放电信号强度较弱且相位分布较宽，放电次数较多；在较高电压等级下另一个半周也可能出现放电信号，幅值更高且相位分布较窄，放电次数较少；对于高压端的尖端突起物，局部放电会首先出现在电源电压波形的负峰处，电压较高时，正峰处也将出现放电；与电源电压波形的负半周相比，正半周放电的密度要小而幅值则较大。且放电相位基本集中在电源电压波形的正峰值和负峰值附近；对于接地体的尖端突起物，局部放电脉冲主要集中于电源电压波形的正峰值附近，而且信号的幅值比较高		

五、注意事项

1. 安全注意事项

（1）开始工作前，工作负责人应对全体工作班成员详细交代工作中的安全注意事项、带电部位。

（2）进入工作现场，全体工作人员必须正确佩戴安全帽，穿绝缘鞋。

（3）进入室内 GIS 设备场所前，检查 SF_6 气体含量显示器，确认 SF_6 气体和氧含量合格；若无 SF_6 气体含量显示器，则应先通风 15min，并用检漏仪测量 SF_6 气体含量合格，不准一人进入从事检测工作。

（4）雷雨天气严禁作业。

（5）应选择绝缘梯子，使用前要检查梯子有否断档开裂现象，梯子与地面的夹角应在 60° 左右，梯子应放倒两人搬运，举起梯子应两人配合防止倒向带电部位。

（6）在梯子上作业，必须用绳索绑扎牢固，梯子下部应派专人扶持，并加强现场安全监护。

（7）梯子上作业应使用工具袋，严禁上下抛掷物品。

（8）应避开压力释放装置，工作人员不准在 SF_6 设备防爆膜附近停留。

（9）在使用传感器进行检测时，应戴绝缘手套，避免手部直接接触传感器金属部件，做好人体防感应电的各项措施。

（10）防止误碰二次回路，防止误碰断路器和隔离开关的传动机构。

（11）根据带电设备的电压等级，全体工作人员及测试仪器应注意保持与带电体的安全距离不应小于 Q/GDW 1799.1—2013 中规定的距离，防止误碰带电设备。

（12）专责监护人在检测期间应始终行使监护职责，不得擅离岗位或兼职其他工作。

2. 检测注意事项

（1）传感器应与盆式绝缘子紧密接触，避免传感器移动引起的信号而干扰正确判断。

（2）传感器应放置于两根紧固盆式绝缘子螺栓的中间，以减少螺栓对内部电磁波的屏蔽及传感器与螺栓产生的外部静电干扰。

（3）在检测时应最大限度保持测试周围信号的干净，尽量减少人为制造出的干扰信号，例如：手机信号、照相机闪光灯信号、照明灯信号等。

（4）应按照厂商要求，把仪器主机及传感器的设备外壳可靠接地。

（5）检测中应将同轴电缆完全展开，避免同轴电缆外皮受到剐蹭损伤，传感器的射频电缆不可扭曲受力。

（6）检测时应防止传感器坠落到 GIS 管道上。

（7）应尽量避免身体触碰 GIS 管道，行走中注意脚下，避免踩踏设备操动机构。

（8）当采用时差精确定位时，两个特高频传感器间应尽量避免 T 型或 L 型结构。

（9）在检测过程中，应要保证外接电源的频率为 50Hz。

（10）正常检测时，可不接入外置放大器进行测量，若检测发现存在微弱的异常信号时，应接入外置放大器将信号放大以方便判断。

（11）应保持每次测试点的位置一致，以便于进行比较分析。

（12）检测到"异常"或"缺陷"，为避免"信号源"来自 GIS 壳体环流引起的干扰，应使用独立的接地线，使测量仪器在传感器所在区域附近的 GIS 结构上接地。

（13）对每个 GIS 间隔进行检测时，如果发现信号无异常，保存少量数据；如果发现信号异常，则延长检测时间，应在该气室进行多点检测，且在该处壳体圆周上至少选取三个点进行比较，查找信号最大点的位置。

第三节 案例分析

【例 1-1】特高频局部放电发现 GIS 内部悬浮放电

一、异常概况

2015 年 6 月 16 日，检测人员对某变电站进行 1000kV GIS 特高频局部放电带电检测时，发现 1000kV GIS T0122 隔离开关 B 相附近内置特高频传感器检测到异常信号，信号呈现典型的悬浮放电特征并具有较强的间断性。采用数字示波器对信号源进行定位，认为 T012 断路器 B 相气室内存在悬浮放电，放电位置大致位于断路器中间位置靠 T0122 隔离开关约 1m 处。

二、检测数据

1. 检测环境与设备运行情况

现场检测环境信息见表 1-3。

表1-3 　　　　　　　　　　　　现场检测环境信息

检测日期	天气	温度	湿度
2015 年 6 月 16 日	多云	30.6℃	67.1%

2. 运行负荷情况

检测前记录设备负荷情况，T012 断路器运行负荷情况见表 1-4。

表1-4　　　　　　　　　　　　断路器运行负荷情况

相别	A 相	B 相	C 相
运行电压（kV）	611	612	612
负荷电流（A）	164	163	168

3. 特高频局部放电检测情况

该 GIS 设备盆式绝缘子处为全金属屏蔽结构，无法进行特高频检测，只能通过隔离开关观察窗及借助 DMS 在线监测内置特高频传感器进行检测。站内 DMS 在线监测单元（OCU）布置如图 1-7 所示，其中离 T012 断路器最近的为 OCU7、OCU8。

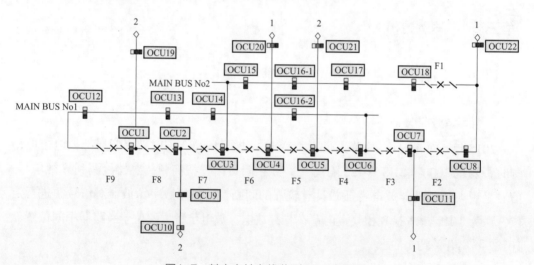

图1-7　某变电站在线监测OCU布置图

采用 DMS 特高频局部放电仪从 OCU8 处进行检测，对检测信号进行连续的监测与记录，发现 B 相传感器间断性出现幅值较大的异常信号，并具有典型悬浮放电的特征，而同位置的 A、C 两相未检测到异常信号。采用同样的方法对 OCU8 附近的 OCU6、OCU7、OCU11 和 OCU22 等进行检测，均可检测到间断性异常信号，信号图谱特征相似，均具有悬浮放电的典型特征。初步认为该几处 OCU 检测到的信号为同一信号源发出。检测信号图谱如图 1-8 所示。

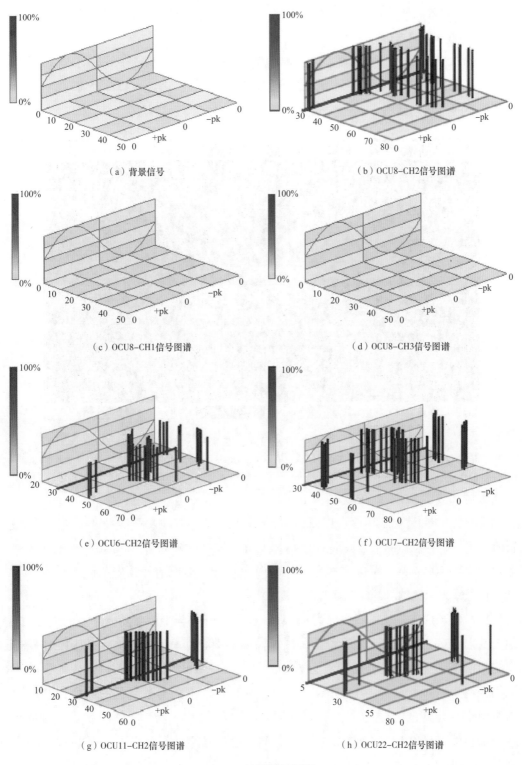

（a）背景信号

（b）OCU8-CH2信号图谱

（c）OCU8-CH1信号图谱

（d）OCU8-CH3信号图谱

（e）OCU6-CH2信号图谱

（f）OCU7-CH2信号图谱

（g）OCU11-CH2信号图谱

（h）OCU22-CH2信号图谱

1-8 检测信号图谱

三、综合分析

1. 外部干扰信号排除

首先布置 3 个外置传感器，示波器检测信号波形如图 1-9 所示。由图 1-9 可知，外界环境无信号，另两个信号幅值较大且波形特征一致，因此可排除外部干扰信号对检测结果的影响，且两处检测到的信号来自同一信号源。

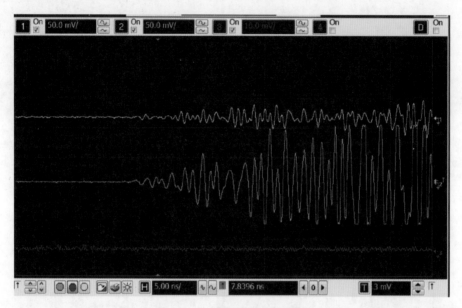

图1-9　示波器检测信号波形

（黄色信号来自 T0121 隔离开关 B 相观察窗，绿色信号来自 OCU8-CH2 内置传感器，蓝色信号来自外界环境）

2. 局部放电源精确定位

将蓝色信号传感器固定至 T0122 隔离开关观察窗，其他两路信号来源位置不变进行时差定位，定位检测信号波形如图 1-10 所示。图中横坐标为 10ns/ 格；纵坐标黄色、蓝色信号为 20mv/ 格，绿色信号为 100mv/ 格。可知，蓝色信号领先黄色信号约 10ns，蓝色信号领先绿色信号约 6.5ns。

根据生产厂家提供的设备布置图，T0121 隔离开关与 T0122 隔离开关的中心位置距离为 15.35m，T0121 隔离开关与 T012 断路器的中心位置距离为 8.3m，T0122 隔离开关与 T012 断路器的中心位置距离为 7.05m，T0122 隔离开关观察窗与内置传感器 OUC8 之间距离为 1.9m，如图 1-11 所示。并结合图 1-10 中各信号达到的时间差比较可知，由绿色信号与蓝色信号的时差可判断信号源应位于 OCU8 与 T0122 隔离开关的左侧，且位于 T0121 与 T0122 之间。由黄色信号与蓝色信号的时差计算得，局部放电源位于 T012 断路器 B 相中心偏向 II 母侧约 0.85m 的位置。

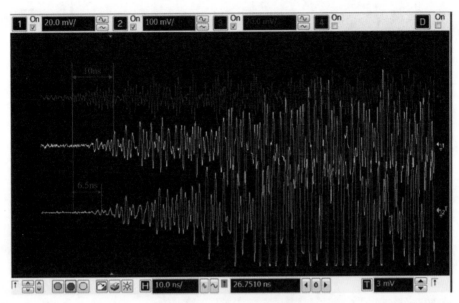

图1-10　定位检测信号波形

（黄色信号来自 T0121 隔离开关 B 相观察窗，绿色信号来自 OCU8-CH2 内置传感器，蓝色信号来自 T0122 隔离开关观察窗）

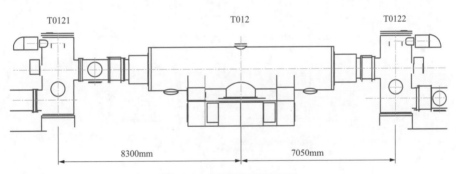

图1-11　现场布置尺寸图

3. 局部放电频谱分析

现场对 T0121 隔离开关 B 相观察窗、OCU8-CH2 两处信号进行了频谱分析，可见两路信号均呈现宽频带，且主要集中在 0.7～1.5GHz 之间，具有典型放电的频谱特征，局部放电信号频谱分析图如图 1-12 所示，图中横坐标为 0～3GHz。

4. 设备内部结构分析

根据时差定位结果，该位置为断路器灭弧室附近，结合特高频图谱特征，可能存在屏蔽罩、螺钉松动等情况产生悬浮电位。断路器内部结构图如图 1-13 所示，放电源应该位于图中红色范围内。

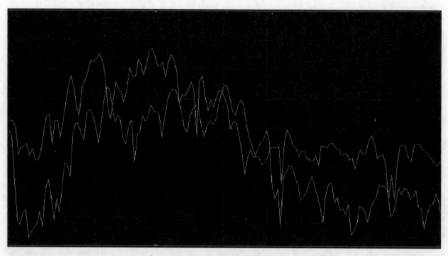

图1-12　局部放电信号频谱分析

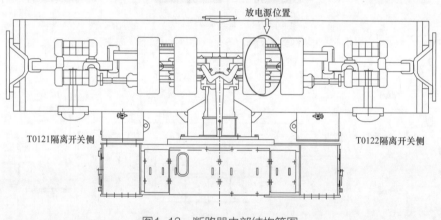

图1-13　断路器内部结构简图

5. 其他检测分析

采用超声检测仪在定位点附近外壳进行超声波局部放电检测，与背景信号一致，无异常。超声检测未见明显异常，主要由于1000kV GIS设备外筒壁较厚，绝缘距离较大，造成超声信号衰减很大，而且超声检测对设备深层故障探测不够灵敏，从而无法接收到超声波信号。

采用SF_6气体综合测试仪对该断路器气室SF_6进行成分分析，H_2S、SO_2、HF含量均为0，无异常。由于气室较大，产生微量分解物无法检测到也属正常现象。

四、验证情况

查看DMS在线监测后台，OCU6-CH2、OCU7-CH2、OCU8-CH2、OCU11-CH2及

OCU22-CH2 均存在局部放电告警，且经常在同一时刻出现相同异常信号，如图 1-14 所示。信号呈现典型悬浮放电特征，与现场检测情况一致。采用 DMS 便携机检测与在线监测后台检测结果一致。

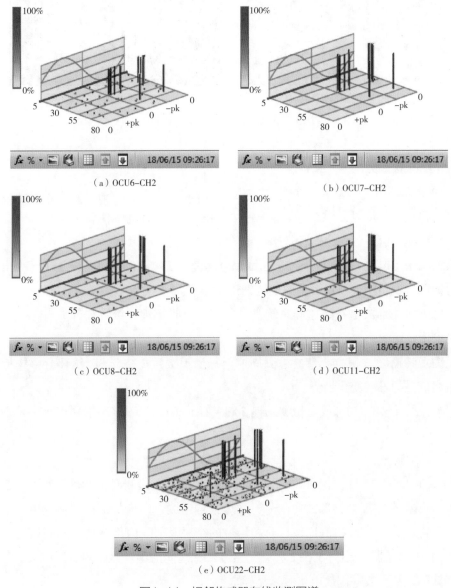

图1-14　相邻传感器在线监测图谱

检测图谱与典型悬浮放电图谱特征相似，典型悬浮放电图谱如图 1-15 所示，根据分析可判断该处放电类型为悬浮电位放电。

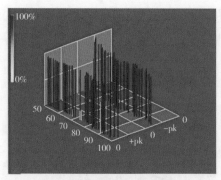
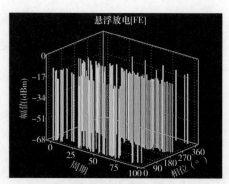

（a）DMS典型悬浮电位放电图谱　　　　（b）埃肯典型悬浮电位放电图谱

图1-15　典型悬浮电位放电图谱

五、结论及建议

T012断路器B相气室内存在悬浮放电，放电源位置为断路器中心位置偏向T0122隔离开关侧约0.85m处。该信号具有较强的间断性，而放电幅值较大，且放电源位于断路器气室内，给设备安全运行带来一定的风险。

根据国网（运检/3）829—2017《国家电网公司变电检测管理规定》关于变电设备带电检测项目、周期及技术要求的规定，建议如下：

1. 每天对局部放电在线监测系统进行跟踪，及时梳理并统计局部放电在线监测系统事件的增长情况；

2. 缩短特高频、超声波带电检测周期至每周1次，并结合SF_6气体分解物检测等手段观察信号的发展变化趋势。

【例1-2】特高频局部放电检测发现500kV GIS 5051断路器A相盆式绝缘子缺陷

一、异常概况

2016年12月22日，在对500kV某站进行全站带电检测时，发现500kV GIS 5051断路器A相存在特高频局部放电信号，放电信号连续，图谱特征呈绝缘放电类型，综合局部放电图谱、信号幅值比较、时差定位的结果及GIS内部结构，判断该局部放电源位于5051断路器A相与50512电流互感器A相之间的绝缘盆子附近区域，缺陷类型为绝缘缺陷。超声波局部放电检测未见异常。

二、检测数据

1. 环境信息

现场检测环境信息见表1-5。

表1-5　　　　　　　　　　　　　　　检测环境信息

检测日期	天气	温度	湿度
2016 年 12 月 22 日	晴	11℃	62%

2. 检测对象及项目

检测对象为 500kV GIS 5051 断路器 A 相，设备相关信息见表 1-6。检测项目为特高频局部放电检测和超声局部放电检测。

表1-6　　　　　　　　　　　　　　　检测对象信息

设备生产厂家	设备型号	出厂日期
西安西电开关电气有限公司	LW13A-550（G）	2015 年 8 月

3. 特高频局部放电检测情况

采用莫克局部放电测试仪在 5051 断路器 A 相内置传感器、50511 电流互感器 A 相绝缘盆子、50512 电流互感器 A 相绝缘盆子处进行特高频检测（此 GIS 设备的盆子为金属屏蔽带浇注孔），并在 5051 断路器 A 相附近放置一个背景传感器，各传感器布置如图 1-16 所示，对应各测点同一时刻下的检测图谱如图 1-17 所示。

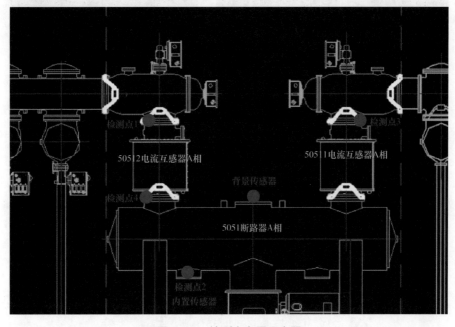

图1-16　检测点布置示意图

从图 1-17 的检测图谱可以看出，检测点 1、2、3 均能检测到异常特高频信号，图谱特征类似且同步出现，而背景传感器未出现过相关信号，可排除信号来自空间干扰的可能。比较断路器两侧电流互感器绝缘盆子处的检测点 1 和检测点 3 的信号幅值，发现检测点 1 处的放电信号幅值明显大于检测点 3，说明放电源偏向于 50512 电流互感器侧。

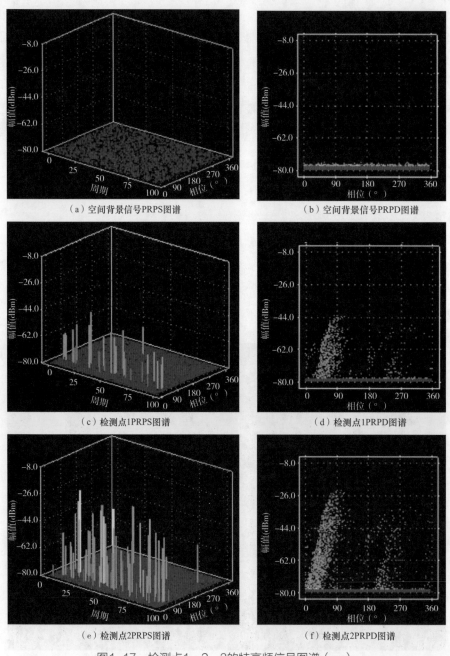

（a）空间背景信号PRPS图谱　　　　　（b）空间背景信号PRPD图谱

（c）检测点1PRPS图谱　　　　　（d）检测点1PRPD图谱

（e）检测点2PRPS图谱　　　　　（f）检测点2PRPD图谱

图1-17　检测点1、2、3的特高频信号图谱（一）

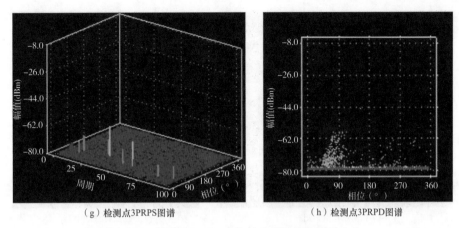

（g）检测点3PRPS图谱　　　　　　　　（h）检测点3PRPD图谱

图1-17　检测点1、2、3的特高频信号图谱（二）

外部干扰的可能性排除后，将背景传感器布置于图 1-16 中的检测点 4（5051 断路器 A 相与 50512 电流互感器 A 相之间的绝缘盆子），比较电流互感器绝缘盆子处的检测点 1、检测点 3 和检测点 4 的放电信号，如图 1-18 所示。

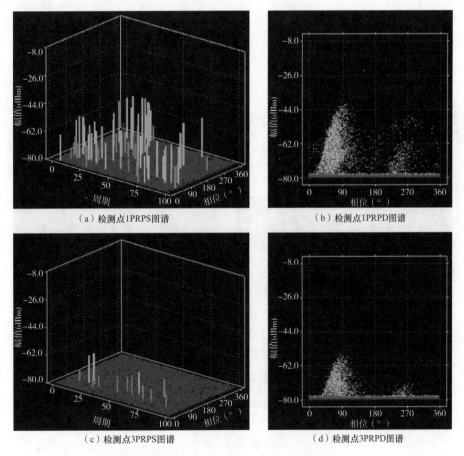

（a）检测点1PRPS图谱　　　　　　　　（b）检测点1PRPD图谱

（c）检测点3PRPS图谱　　　　　　　　（d）检测点3PRPD图谱

图1-18　检测点1、3、4的特高频信号图谱（一）

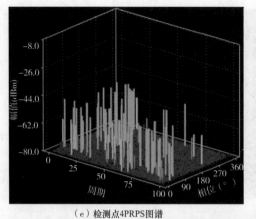
（e）检测点4PRPS图谱

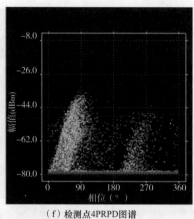
（f）检测点4PRPD图谱

图1-18 检测点1、3、4的特高频信号图谱（二）

从图 1-18 的检测谱图可发现，检测点 4 的信号幅值明显大于检测点 3，稍大于检测点 1 信号幅值，说明放电源位于检测点 1 与检测点 3 之间，且靠近 50512 电流互感器侧的检测点 4。

将内置传感器的检测图谱与莫克局部放电软件的典型绝缘放电图谱进行比较，如图 1-19 所示，可判断该局部放电为绝缘放电类型。

4. 超声检测情况

分别利用 AIA-2 超声波局部放电检测仪和 Pocket AE 超声波局部放电检测仪对 5051 断路器 A 相间隔进行检测，未发现明显异常信号。

5. 综合分析

（1）干扰信号排除。从图 1-17 和图 1-18 的检测图谱中可看出，5051 断路器 A 相

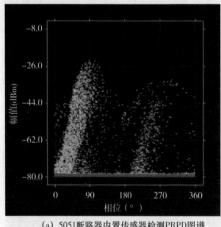
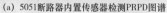
（a）5051断路器内置传感器检测PRPD图谱

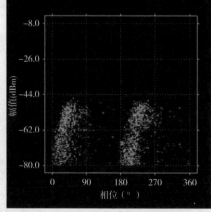
（b）莫克软件典型绝缘缺陷PRPD图谱

图1-19 特高频信号图谱比较

内置传感器、50511 电流互感器 A 相绝缘盆子、50512 电流互感器 A 相绝缘盆子在同一时刻均可检测到明显放电信号，而背景传感器在同一时刻并未检测到同步的相关信号，说明放电信号来自 GIS 内部，并非外界干扰所致。

（2）局部放电源定位。为了确定放电源的具体位置，利用莫克虚拟示波器对放电信号进行定位检测，检测图谱如图 1-20 ~ 图 1-22 所示。各检测点间的距离示意图如图 1-23 所示。

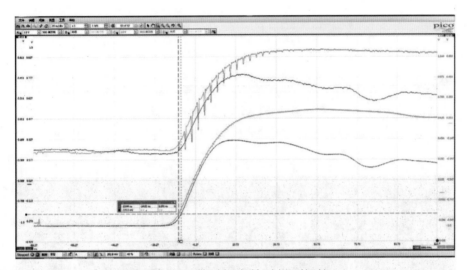

图1-20　检测点1与检测点2时间差

（蓝线为检测点 1，绿线为检测点 2，绿线领先蓝线约 1.19ns）

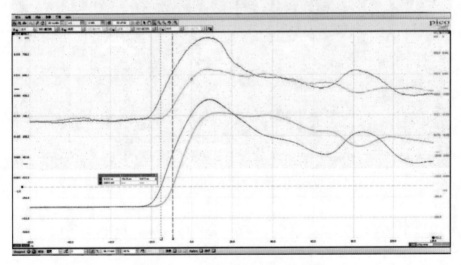

图1-21　检测点1与检测点4时间差

（绿线为检测点 1，蓝线为检测点 4，蓝线领先绿线约 5.8ns）

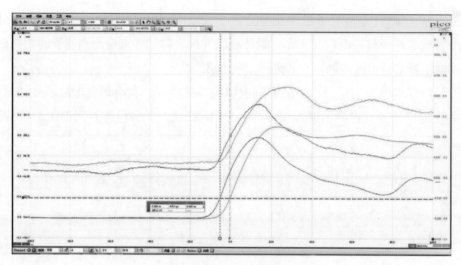

图1-22　检测点2与检测点4时间差

（蓝线为检测点 4，绿线为检测点 2，蓝线领先绿线约 4.9ns）

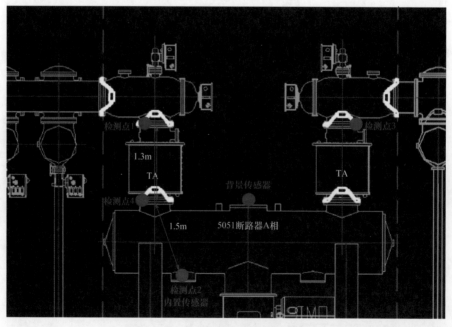

图1-23　各检测点间的距离示意图

　　图 1-22 中检测点 4 领先检测点 2 内置传感器约 4.9ns，正好符合两者之间的距离差 1.5m；图 1-21 中检测点 4 领先检测点 1 约 5.8ns，与检测点 1、4 间的最长距离

1.3m 存在一定误差；图 1-20 中检测点 2 内置传感器的信号领先检测点 1 约 1.19ns，根据时差定位计算结果，放电源大概位于检测点 4 绝缘盆子下方约 0.25m。考虑到检测波形的误差，综合三个检测点间的时差计算结果，放电源应大概位于检测点 4（即 5051 断路器 A 相与 50512 电流互感器 A 相之间的绝缘盆子）或者绝缘盆子下方区域。

（3）特高频定位验证情况。为了验证莫克虚拟示波器定位检测结果，利用高速示波器检测波形进行定位，示波器定位检测波形如图 1-24 所示。

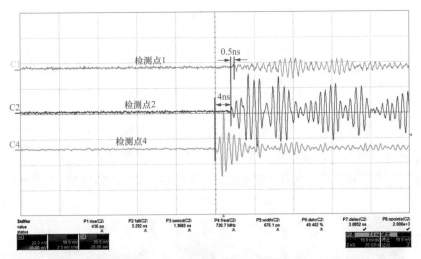

图1-24　示波器定位检测波形

从图 1-24 的检测波形可看出，检测点 4 的信号超前检测点 1 和检测点 2，说明放电源在检测点 1 和检测点 2 之间；检测点 4 的信号超前检测点 2 约 4ns，根据时差定位计算显示放电源位于检测点 4 下方约 0.15m；检测点 4 的信号超前检测点 1 约 4.5ns，正好符合两点之间的距离 1.3m；检测点 2 的信号超前检测点 1 约 0.5ns，根据时差定位计算显示放电源位于检测点 4 下方约 0.18m。

所以，高速示波器和莫克局部放电仪的定位结果均大概在检测点 4（5051 断路器 A 相与 50512 电流互感器 A 相间的绝缘盆子）或者绝缘盆子下方区域。

（4）设备结构分析。根据设备生产厂家提供的 GIS 设备图纸，5051 断路器气室内部结构图如图 1-25 所示。所以，综合局部放电谱图、信号幅值的比较、时差定位结果及 GIS 内部结构，判断放电源位于检测点 4（5051 断路器 A 相与 50512 电流互感器 A 相间的绝缘盆子）附近区域。现场 GIS 布置图如图 1-26 所示。

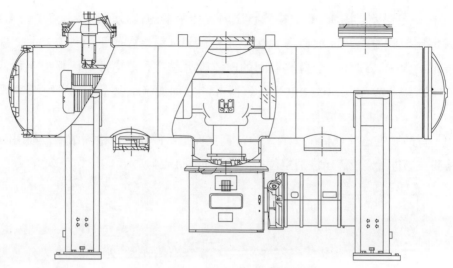

图1-25　5051断路器气室内部结构图

（5）信号频谱分析。利用高速示波器对内置传感器检测到的放电信号波形进行频谱分析，检测波形及其频谱如图 1-27 所示。从图 1-27 中频谱曲线可看出，此特高频放电信号的频谱主要分布于 500 ~ 1500MHz，具有典型放电频谱特征。

图1-26　现场GIS布置图

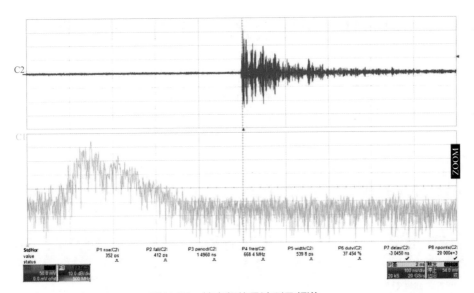

图1-27 特高频信号波形及频谱

频谱：纵坐标 10dB/div，横坐标 500MHz/div

三、解体检查情况

根据 2016 年 12 月 22 日该站带电检测过程中发现的 500kV GIS 5051 断路器间隔 A 相特高频局部放电异常情况。2017 年 4 月 6 日，公司安排对局部放电检测定位的 50512 电流互感器、5051 断路器 A 相间的盆式绝缘子（出厂编号：515825H25）进行了更换，并进行厂内解体分析工作。

对盆式绝缘子进行多角度 X 射线探伤检测，发现环氧树脂件内部存在明显气泡，气泡个数 8 个，呈带状分布，如图 1-28 和图 1-29 所示。

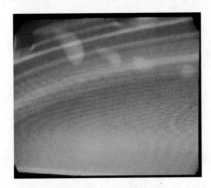

图1-28 内部气泡

图1-29 放电痕迹端部划痕

【例 1-3】特高频局部放电检测发现 220kV GIS 隔离开关绝缘拉杆缺陷

一、异常概况

2016 年 5 月 13 日，在对 500kV 某站进行全站带电检测时，发现某 220kV GIS 间隔 A 相出线隔离开关气室存在特高频局部放电信号，电信号具有较强间断性，图谱特征呈悬浮放电类型，综合局部放电图谱、信号幅值比较、时差定位的结果及 GIS 内部结构，判断该局部放电源位于出线隔离开关绝缘拉杆处，缺陷类型为悬浮放电缺陷。超声波局部放电检测可同时检测到异常信号。

二、检测数据

1. 环境信息

现场检测环境信息见表 1-7。

表1-7 检测环境信息

检测日期	天气	温度	湿度
2016 年 5 月 13 日	晴	28℃	54%

2. 检测对象及项目

检测对象为 220kV GIS 间隔 A 相，设备相关信息见表 1-8。检测项目为特高频局部放电检测和超声局部放电检测。

表1-8 检测对象信息

设备生产厂家	设备型号	出厂日期
山东泰开高压开关有限公司	ZF16-252	2013 年 11 月

3. 特高频局部放电检测情况

采用莫克局部放电测试仪在断路器 A 相内置传感器、出线隔离开关 A 相断路器侧绝缘盆子、断路器出线侧电流互感器 A 相绝缘盆子、线路接地开关 A 相绝缘盆子等各处进行特高频检测，并在线路隔离开关 A 相附近放置一个背景传感器，各传感器布置如图 1-30 所示，对应各测点同一时刻下的检测图谱如图 1-31 所示。

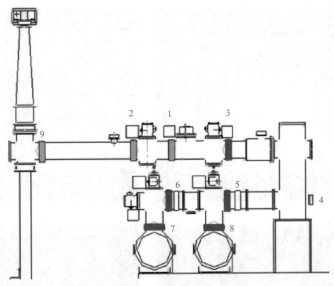

图1-30　检测点布置示意图

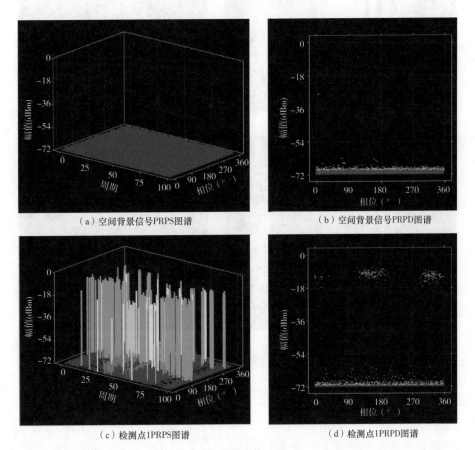

（a）空间背景信号PRPS图谱

（b）空间背景信号PRPD图谱

（c）检测点1PRPS图谱

（d）检测点1PRPD图谱

图1-31　特高频信号图谱（一）

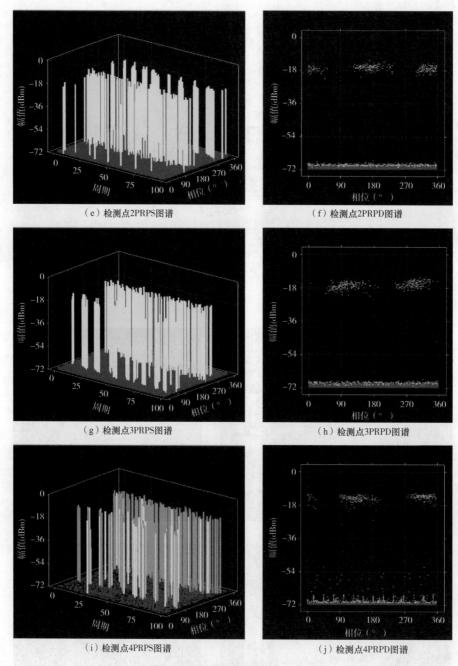

（e）检测点2PRPS图谱　　　　　　　（f）检测点2PRPD图谱

（g）检测点3PRPS图谱　　　　　　　（h）检测点3PRPD图谱

（i）检测点4PRPS图谱　　　　　　　（j）检测点4PRPD图谱

图1-31　特高频信号图谱（二）

从图1-31的检测图谱可以看出，测点1、2、3中测点1的信号幅值最大，达-10dB左右，往两侧的测点信号幅值均减小。测点4信号幅值稍大于测点2、测点3，可解释为：电磁波信号通过盆式绝缘子浇注孔泄漏的衰减大于其在GIS内部的衰减。各测点信号图谱特征相似，空间环境中未检测到类似背景信号，可初步判断各测点检测到的异常信号来自同一信号源，且最靠近测点 1。

该异常信号具有典型局部放电特征，从图谱特征来看，此放电信号疑似悬浮放电。与特高频局部放电标准图谱进行比较，该检测图谱与典型悬浮放电图谱相似，判断此放电信号为悬浮放电。

4. 超声检测情况

当特高频信号出现时，采用 Pocket AE、AIA-2 在出线隔离开关气室检测到异常超声波信号，信号 100Hz 相关性明显，疑似悬浮放电。如图 1-32 所示。

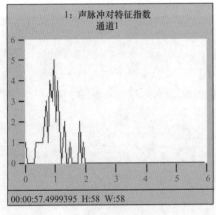
（a）Pocket AE 检测图谱

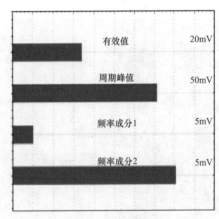
（b）AIA-2 检测图谱

图1-32　超声波信号图谱

采用 AIA-2 进行精确检测，测点布置图如图 1-33 所示。采用幅值比较法进行检测，发现测点 2 处信号幅值最大。

图1-33　超声波局放测点图

5. 综合分析

（1）干扰信号排除。从图 1-31 中检测图谱可看出，断路器 A 相内置传感器、出线隔离开关 A 相断路器侧绝缘盆子、断路器出线侧电流互感器 A 相绝缘盆子、线路接地开关 A 相绝缘盆子在同一时刻均可检测到明显放电信号，而背景传感器在同一时刻并未检测到同步的相关信号，说明放电信号来自 GIS 内部，并非外界干扰所致。

（2）局部放电源定位。为了确定放电源的具体位置，利用高速示波器对放电信号进行定位检测，检测图谱如图 1-34 所示。

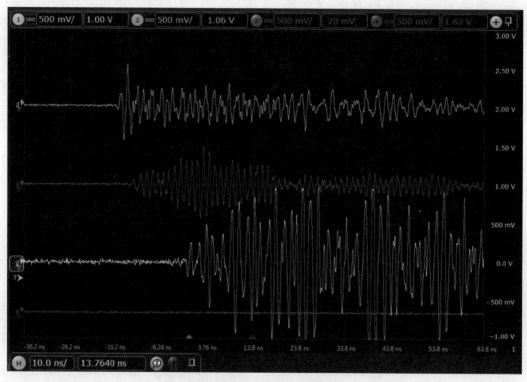

图1-34 示波器定位图谱

（绿线为检测点 1，蓝线为检测点 3，黄线为检测点 4，红线为背景信号）

图 1-34 中测点 1 领先测点 3 约 2.3ns，它们之间的直线距离为 1.3m，通过时差法计算，局放源位于测点 1 与测点 3 之间，离测点 1 约 30cm，与超声波幅值定位法的结果基本一致。

（3）设备结构分析。根据设备生产厂家提供的 GIS 设备图纸，隔离开关气室内部结构图如图 1-35 所示。所以，综合局部放电谱图、信号幅值的比较、时差定位结果及 GIS 内部结构，判断放电源位于图中红色区域，该处结构为隔离开关动触头与绝缘拉杆。

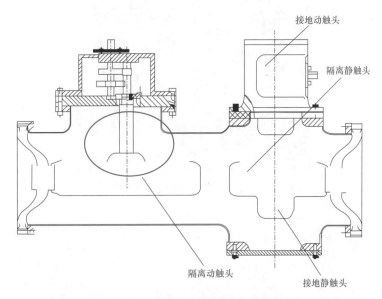

图1-35 隔离开关气室内部结构图

（4）信号频谱分析。对检测到的放电信号波形进行频谱分析，检测波形及其频谱如图 1-36 所示。从图 1-36 中频谱曲线可看出，此特高频放电信号的频谱主要分布于 500～1200MHz，具有典型放电频谱特征。

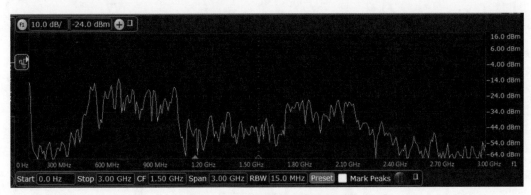

图1-36 特高频信号波形及频谱

三、解体检查情况

根据 2016 年 5 月 13 日该站带电检测过程中发现的 220kV GIS 间隔 A 相出线隔离

开关气室特高频局部放电信号。对局部放电检测定位气室进行了解体，发现在隔离开关绝缘拉杆表面有放电痕迹，如图 1-37 所示。

图1-37　隔离开关绝缘拉杆表面放电痕迹

第二章
超声波局部放电检测技术

第一节 超声波局部放电检测技术基本原理

GIS 设备内部产生局部放电信号时，会激发出超声波信号，并沿着 SF_6 气体介质以及壳体、导体和绝缘件等固体介质传播。通过在 GIS 设备腔体外壁上安装超声波传感器，接收超声波信号，从而获得局部放电的相关信息，实现局部放电检测和分析。检测原理示意图如图 2-1 所示。

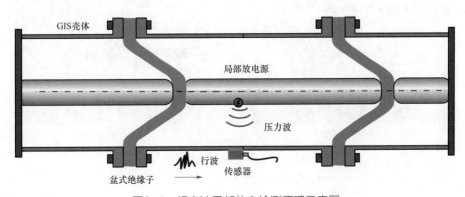

图2-1　超声波局部放电检测原理示意图

超声波局部放电检测法的特点是传感器与电力设备的电气回路无任何联系，不受电气方面的干扰，但在现场使用时易受周围环境噪声或设备机械振动的影响。由于超声信号在电力设备常用绝缘材料中的衰减较大，超声波检测法的灵敏度和范围有限，但具有定位准确度高的优点。

典型的超声波局部放电检测装置一般可分为硬件系统和软件系统两大部分。硬件系统用于检测超声波信号，软件系统对所测得的数据进行分析和特征提取并作出诊断。硬件系统通常包括超声波传感器、信号处理与数据采集系统，示意图如图 2-2 所示。软件系统包括人机交互界面与数据分析处理模块等。

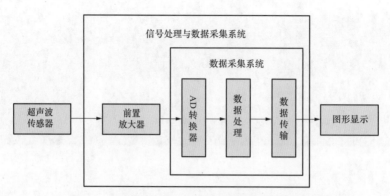

图2-2　超声波局部放电检测装置硬件系统示意图

电力设备局部放电检测用超声波传感器通常可分为接触式传感器和非接触式传感器，实物图如图 2-3 所示。

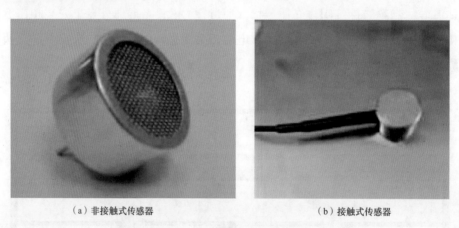

（a）非接触式传感器　　　　　　　　　（b）接触式传感器

图2-3　超声波传感器实物图

接触式传感器一般通过超声耦合剂贴合在电力设备外壳上，检测外壳上传播的超声波信号；非接触式传感器测试直接检测空气中的超声波信号，其原理与接触式传感器基本一致。超声波传感器的特性有：

（1）频响宽度。频响宽度即为传感器检测过程中采集的信号频率范围，不同的传感器其频响宽度也有所不同，接触式传感器的频响宽度大于非接触式传感器。在实际检测中，典型的 GIS 用超声波传感器的频响宽度一般为 20～80kHz，变压器用传感器的频响宽度一般为 80～200kHz，开关柜用传感器的频响宽度一般为 35～45kHz。

（2）谐振频率。谐振频率也称中心频率，当加到传感器两端的信号频率与晶片的谐振频率相等时，传感器输出的能量最大，灵敏度也最高，不同的电力设备发生局部放电时，由于其放电机理、绝缘介质以及内部结构的不同，产生的超声波信号的频率成分也不同，因此对应的传感器谐振频率也有一定的差别。

（3）幅度灵敏度。灵敏度是衡量传感器对于较小信号的采集能力，随着频率逐渐偏移谐振频率，灵敏度也逐渐降低，因此选择适当的谐振频率是保证较高的灵敏度的前提。

（4）工作温度。工作温度是指传感器能够有效采集信号的温度范围。由于超声波传感器所采用的压电材料的居里点一般较高，因此其工作温度比较低，可以较长时间工作而不会失效，但一般要避免在过高的温度下使用。

第二节 超声波局部放电现场检测与判断

一、检测要求

1. 人员要求

（1）熟悉现场安全作业要求，能严格遵守电力生产和工作现场的相关安全管理规定，并经考试合格。

（2）了解现场检测条件，明确各检测点位置，落实高处检测作业时的安全措施等工作。

（3）作业人员身体状况和精神状态良好，未出现疲劳困乏或情绪异常。

（4）了解 GIS 设备的结构特点、工作原理、运行状况和导致设备故障分析的基本知识。

（5）熟悉超声波局部放电检测的基本原理、诊断程序和缺陷定性的方法，了解超声波局部放电检测仪的工作原理、技术参数和性能，掌握超声波局部放电检测仪的操作程序和使用方法。

（6）接受过 GIS 设备超声波局部放电带电测试的培训，具备现场测试能力，具有一定的现场工作经验。

2. 安全要求

（1）应严格执行 Q/GDW 1799.1—2013《国家电网公司电力安全工作规程（变电部分）》的相关要求。

（2）应严格执行发电厂、变（配）电站巡视的要求。

（3）检测至少由两人进行，并严格执行保证安全的组织措施和技术措施。

（4）必要时应设专人监护，监护人在检测期间应始终行使监护职责，不得擅离岗位或兼职其他工作。

（5）应确保操作人员及测试仪器与电力设备的高压部分保持足够的安全距离。

（6）应避开设备压力释放装置。

（7）测试现场出现明显异常情况时（如异响、电压波动、系统接地等），应立即停止测试工作并撤离现场。

3. 环境要求

（1）环境温度：−10 ~ +55℃。

（2）环境湿度：相对湿度不大于 85%。

（3）大气压力：80 ~ 110kPa。

（4）进行室外检测应避免雷电、雨、雪、雾、露等天气条件。

4. 仪器要求

（1）仪器性能要求。

1）超声波局部放电带电检测仪应携带方便、操作便捷。

2）应采用充电电池供电，单次持续使用时间应不低于 6h，采用交流电源充电时，仪器仍可正常使用。

3）检测频率范围在 20 ~ 200kHz 之间。

4）测量量程：0 ~ 60dBmV。

5）分辨率：−40dBmV。

6）误差：不超过 ±20dBmV。

7）射频同轴电缆应耐磨、抗弯折，应具有良好的电磁屏蔽性能，长度应满足现场检测要求（如 10m）。

8）绝缘性能：带电回路和金属外壳之间以及电气上无联系的各部分电路之间的绝缘电阻不应小于 20MΩ。检测装置电源端子和信号端子对地应能承受 2kV/1min 的工频耐压和 5kV 标准雷电波（1.2/50μs）。

9）防护性能：应符合 GB/T 4208—2017《外壳防护等级（IP 代码）》标准规定的 IP51 级要求。

10）抗震性能：应能够耐受地面水平加速度 $0.25g$ 和地面垂直加速度 $0.125g$ 的振动试验。g 为地心引力加速度，$9.8m/s^2$。

11）电磁兼容性能：应满足 GB/T 17626.8—2006《电磁兼容　试验和测量技术　工频磁场抗扰度试验》标准规定的严酷等级 4 要求。

12）高速数字示波器：模拟带宽不低于 500MHz，采样率不低于 2GS/s，通道数不应少于 2 个。

13）信号发生器：信号输出幅值 0 ~ 10V 可调，信号频率 0 ~ 10MHz。

（2）仪器功能要求。

1）基本功能要求。

a. 应具备参数设置、参数调阅和时间对时等功能；

b. 应具备放电信号幅值实时显示功能；

c. 应具有报警阈值设定功能；

d. 应具备抗外部干扰的功能；

e. 应具备测试数据存储和导出功能，测试数据的存储和导出应包括图片和数据文件方式；

f. 应具备有效值、峰值、频率成分检测、相位模式图等显示功能，且能够通过耳机，利用外差技术听到放电产生的声音，且仪器的放大倍数应可选。

2）高级功能要求。

a. 具有图谱显示功能；

b. 可对常见的缺陷如毛刺电晕放电、悬浮电位放电和自由颗粒等进行缺陷类型判断；

c. 具备工频参考相位同步功能；

d. 具有局部放电定位功能。

二、检测方法

1. 检测准备

检测准备流程包括收集资料、明确人员分工、仪器及辅助工器具准备、许可工作票、召开班前会等工作。

（1）收集资料。

1）收集 GIS 设备一次系统图、气隔图、内部结构图（必要时）、测点信息等。

2）收集历史检修记录、试验数据。

3）收集运行工况（在线监测报警信息、设备缺陷、不良工况、负荷状况）等资料。

4）必要时，开展作业现场勘查。

（2）人员分工。现场工作班人员不少于两人，由工作经验丰富的人员作为工作负责人，其他人员作为工作班成员。在检测过程中，一人负责仪器操作，其他人员负责传感器的移动、固定、测试接线等工作。必要时，设置专责监护人。

（3）仪器及辅助工器具准备。开始局部放电检测前，应准备好以下仪器及主要辅助工器具：

1）局部放电检测仪：用于接收、处理超声波传感器采集到的超声波局部放电信号。

2）高速数字示波器：用于超声波局部放电信号源的定位。

3）信号放大器：当仪器信号源采用 BNC 接口时，需接入信号放大器。

4）接地线：用于仪器外壳的接地，保护检测人员及设备的安全。

5）绑带：精确检测时用于将传感器固定在待测设备外部。

6）非金属测量尺：测量气室长度，用于局部放电源定位。

7）工作电源：为检测仪、示波器、放大器等提供电源，并提供相位同步信号。

8）超声硅脂：使传感器与设备接触良好，减少信号衰减。

（4）许可工作票。工作负责人应与运维人员履行工作票许可手续，明确带电部位和安全注意事项，并与设备运维人员在工作票上分别确认、签名。

（5）召开班前会。工作负责人组织全体工作班成员在工作现场召开班前会：

1）检查着装情况及精神面貌。

2）明确工作班成员具体分工，向工作班成员交代工作内容、工作流程、工作中的危险点和注意事项，并进行签名确认。

2.常规巡检

常规巡检流程主要包括检查设备状态、仪器就位、背景噪声测试、测试点选择、传感器安装和信号检测等工作。

（1）检查设备状态。进入室内 GIS 设备场所前，应确认 SF_6 气体和氧含量合格；现场检测环境与设备情况应符合 Q/GDW 11059.1—2013《气体绝缘金属封闭开关设备局部放电带电测试技术现场应用导则　第 1 部分：超声波法》中的相关要求。检测前应确认检测仪器自检工作正常，仪器应可靠接地，并正确设置参数。

（2）仪器就位。

1）检查仪器完整性，确认仪器外观良好，配件齐全。

2）检查仪器电量，电量应充足或现场交流电源能满足仪器使用要求。

3）仪器接地：接地线应先接接地端，后接仪器接地端子。

4）仪器接线：使用同轴电缆连接传感器与测试仪主机，同轴电缆应完全展开，避免同轴电缆外皮受到剐蹭损伤，传感器的射频电缆不可扭曲受力。

5）仪器连接电源（必要时）：在电源断开的前提下，连接仪器电源线，电源送电。

6）开机自检：开机后，运行检测软件，检查主机通信状况、同步状态、相位偏移等参数，进行系统自检，确认仪器检测通道、连接电缆和传感器均正常。

7）参数设置：设置变电站名称、被测设备等信息。

（3）背景噪声测试。背景噪声测试按以下步骤执行：

1）将传感器置于空气中或设备基座上，由大到小调节仪器量程，仪器调节到合适的最小量程，测量空间背景噪声值。

2）记录最大的背景噪声值。

3）保存最大的背景噪声图谱，并记录图谱编号。

（4）测试点选择。测试点选取应按以下要求执行：

在断路器断口处、隔离开关、接地开关、电流互感器、电压互感器、避雷器、导体连接部件等处均应设置测试点。

1）一般在 GIS 壳体轴线方向每间隔 0.5m 左右选取一处，测量点尽量选择在隔室侧下方。

2）三相共箱的 GIS 宜在横截面上每 120° 至少 1 个测点。

3）在 GIS 转角处和 T 形连接处前后应各测 1 点。

4）每两个盆式绝缘子之间至少 1 个测点。

5）对于 800kV 及以上的 GIS 宜考虑在横截面上适当增加测点。

6）应保持每次测试点的位置一致，以便于进行比较分析。

（5）传感器安装。传感器安装时应按以下步骤执行：

1）在传感器与测点部位间应均匀涂抹专用耦合剂。

2）放置传感器并适当施加压力，以尽可能减小检测信号的衰减。

3）测量时传感器应与 GIS 壳体保持相对静止。

4）在信号精确测量时应采用固定传感器的方式进行，如使用吸盘式固定座、绑带等。

5）测试完毕后应将耦合剂擦拭干净，保证无残留。

（6）信号检测。

1）打开连接传感器的检测通道进行测试，每个测点测试时间不少于 15s。

2）记录有效值、峰值、50/100Hz 相关性等测试数据，保存图谱，并记录图谱编号。

3）如果检测信号无异常，退出并改变检测位置继续下一点检测，直到所有测点检测完毕，完成常规巡检。

3. 精确检测

在常规巡检的基础上，对异常信号区域按照本节第三部分的要求进行干扰识别和抑制，确认为 GIS 设备内部异常信号时，应对信号源进行强度定位和时差精确定位，并结合多种手段判断内部放电类型。

4. 检测终结

工作班成员应整理原始记录，由工作负责人确认检测项目齐全，核对原始记录数据是否完整、齐备，并签名确认。检测工作完成后，并编制检测报告，工作负责人对其数据的完整性和揭露的正确性进行审核，并及时向上级专业技术管理部门汇报检测项目，检测结果和发现的问题。

三、诊断方法

当检测发现信号异常时，应首先查找可能存在的外部干扰源，尽可能对其进行抑制，确定信号是否来自设备内部。然后在临近位置进行检测，如果能够检测到相似信号，即进行精确检测并对放电部位进行定位，以判断信号源精确位置。随后可采用特高频检测、SF_6 分解物检测、信号频谱分析等多种手段，结合设备内部结构，进行放电类型与放电位置的综合分析判断。超声波异常诊断流程如图 2-4 所示。

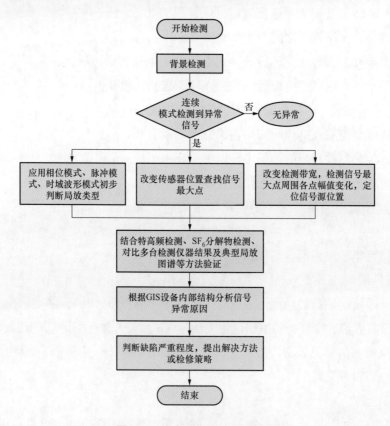

图2-4　超声波异常诊断流程图

1. 干扰识别和抑制

由于电网设备运行现场存在大量的电磁及机械振动干扰，影响超声波局部放电检测的准确判断。因此，当背景噪声测试和精确检测发现异常信号时，都应先进行干扰识别和抑制。

当检测到异常信号时，应延长检测时间，加强测试值与背景值的比较，并结合以下方法进行干扰排除：

（1）固定传感器：在检测过程中应使用固定座或绑扎带等工具确保传感器无振动，并全程保持静音。

（2）排查外部干扰源：排查检测现场可能的外部干扰源，如高压室风机、异常振动、GIS 壳体环流、互感器铁芯磁致伸缩等，应采取必要措施进行排除，干扰超声波检测典型图谱如图 2-5 和图 2-6 所示。

（3）横向比较法：将该测点检测到的异常信号与相邻区域信号或其他相相同部位信号进行比较，若其他部位测点检测到的幅值、相位与该测点检测到的幅值、相位基本一致，则该测点检测到的信号可能为干扰信号。

（4）趋势分析法：将该部位的异常信号与历史数据相比较，确定是否有增长发展趋势。

（5）图谱比较法：将该部位的异常信号与局部放电典型图谱库中的图谱进行比较。

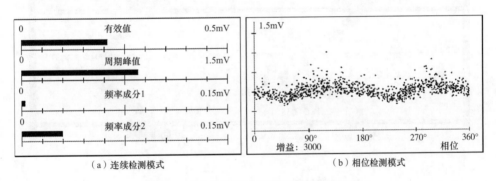

（a）连续检测模式　　　　　　（b）相位检测模式

图2-5　磁致伸缩干扰超声波检测典型图谱

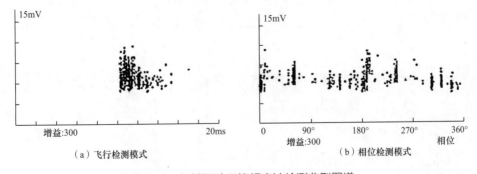

（a）飞行检测模式　　　　　　（b）相位检测模式

图2-6　机械振动干扰超声波检测典型图谱

2. 精确检测

在常规巡检的基础上，对异常信号区域按要求进行干扰排除，确认为 GIS 设备内部异常信号，应对信号源进行幅值定位和时差精确定位。

（1）幅值定位。在同一传感器、同轴电缆、放大倍数、检测通道、同类型检测点等相同测试工况下，使用相同的测试模式，在异常信号测点区域（指异常信号测点至相邻的第一个无异常信号测点之间），按照以下步骤进行幅值定位：

1）沿着 GIS 壳体将异常信号测点区域以 20cm×20cm 进行网格划分。

2）对每个网格中心进行检测。

3）比较各网格检测信号的幅值大小，初步确定信号幅值最大的网格即最靠近放电源位置。

（2）时差精确定位。根据超声波信号达到传感器的时差，以及超声波在介质中的传播速率，利用公式即可计算得到局部放电源的具体位置，可实现对放电源的精确定位。GIS 局部放电源定位示意图如图 2-7 所示。

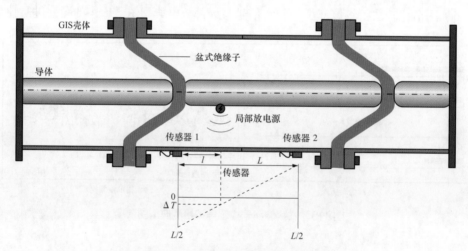

图2-7　GIS局部放电源定位示意图

$$l = \frac{L - \Delta T \cdot C}{2}$$

式中　　l——放电源距离左侧传感器的距离，m；

　　　　L——两个传感器之间的距离，m；

　　　　C——超声波的传播速度，m/s；

　　　　ΔT——两个传感器检测到的时域信号波头之间的时差，s。

3. 判断标准

（1）正常判断标准。根据幅值、相位、图谱等来综合判断测量的信号是否正常，正常信号判断标准如下：

1）检测信号的幅值与背景基本相同。

2）检测信号无相位相关性。

3）无典型局部放电图谱特征。

（2）异常判断标准。根据国家电网 72.5kV 及以上电压等级 GIS 设备运行情况统计分析，GIS 设备放电类缺陷主要分为以下四类：自由颗粒放电缺陷、悬浮电位放电缺陷、绝缘缺陷、电晕放电缺陷。

4. 自由颗粒放电缺陷产生的原因及其判断标准

（1）自由颗粒放电缺陷产生的原因。自由颗粒可以分为金属颗粒和非金属颗粒，自由颗粒放电缺陷是 GIS 设备最普遍的缺陷，也是 GIS 绝缘故障的主要原因之一。GIS 内部自由颗粒放电缺陷的形成主要由以下四种原因：

1）GIS 制造安装或现场检修过程中，工艺及条件不达标导致金属颗粒或粉尘进入腔体内部，导致设备带电时产生放电现象。

2）GIS 长期运行导致筒体内壁或其他部件的油漆起皮或脱落，改变了内部电场的分布，导致局部放电。

3）GIS 内部断路器等操作电器在分合闸过程中触头碰撞、摩擦导致金属颗粒的产生，引起局部放电。

4）其他局部放电过程导致颗粒粉末产生，加剧放电。

（2）自由颗粒放电缺陷判断标准。检测时的图谱符合下述特征判定为自由颗粒放电缺陷：

1）由于自由颗粒的跳跃高度与外壳的碰撞强度和碰撞时间均有随机性，故此类缺陷的超声波信号相位特征不明显，频率成分幅值均较小。

2）当自由颗粒直接碰撞外壳会产生较大的超声波信号有效值和周期峰值，在时域波形模式下，检测图谱中可见明显的脉冲信号，但脉冲的周期性不明显。

3）脉冲检测模式下，可用专门的"飞行图"来统计自由颗粒与外壳碰撞次数与时间的关系，其图谱具有"三角驼峰"形状特点。

自由颗粒放电缺陷超声波检测典型图谱及其特征见表 2-1。

表2-1　　　　　　　　　自由颗粒放电缺陷超声波检测典型图谱及特征

检测模式	典型图谱	图谱特征
连续检测模式	 0　有效值　0.39/1.68　6mV 0　周期峰值　0.75/2.92　15mV 0　频率成分1　0/0　1.5mV 0　频率成分2　0/0.01　1.5mV	有效值及周期峰值较背景值明显偏大；频率成分1（50Hz）、频率成分2（100Hz）特征不明显
相位检测模式	15mV ~ -15mV	无明显的相位聚集效应，但可发现脉冲幅值较大
时域波形检测模式	15mV ~ -15mV	有明显脉冲信号，但该脉冲信号与电压相关性小，其出现具有一定的随机性
特征指数检测模式	30 25 20 15 10 5 0　1 2 3 4 5 6	无明显规律，峰值为聚集在整数特征值处

5. 悬浮电位放电缺陷产生的原因及其判断标准

（1）悬浮电位放电缺陷产生的原因。GIS设备悬浮电位放电缺陷的形成主要是存在屏蔽罩松动、紧固螺栓松动、绝缘支撑松动、绝缘支撑偏移、接插件偏移、接插件松动等现象，主要有以下两种原因：

1）GIS设备安装或检修过程中工艺和质量不过关。

2）GIS设备运行的过程中的分合闸过程及机械振动引起。

（2）悬浮电位放电缺陷判断标准。GIS内部悬浮电位放电缺陷的等效电容在充放电过程会产生局部放电，并伴随着强烈的超声波信号。

符合以下图谱特征的可判断为悬浮电位放电缺陷：

1）超声波局部放电信号的产生与施加在其两端的电压有明显的关联。

2）在超声图谱中表现出明显的 50Hz 和 100Hz 相关性，100Hz 相关性大于 50Hz 相关性。

3）在相位检测模式下，检测图谱有明显的相位聚集效应。

4）在特征指数检测图谱中，放电次数累计图谱波峰主要位于整数特征值 1 处。

悬浮电位放电缺陷超声波检测典型图谱及特征见表 2-2。

表2-2 悬浮电位放电缺陷超声波检测典型图谱及特征

检测模式	典型图谱	图谱特征
连续检测模式		（1）有效值及周期峰值较背景值明显偏大； （2）频率成分 1（50Hz）、频率成分 2（100Hz）特征明显，且频率成分 1（50Hz）小于频率成分 2（100Hz）
相位检测模式		有明显的相位聚集效应，在一个工频周期内表现为两簇，即"双峰"
时域波形检测模式		有规律的脉冲信号，一个工频周期内两簇，两簇大小相当
特征指数检测模式		有明显规律，峰值聚集在整数特征值处，且特征值 1（50Hz）大于特征值 2（100Hz）

6. 绝缘缺陷产生的原因及其判断标准

（1）绝缘缺陷产生的原因。绝缘缺陷主要受绝缘子本身的局部放电性能影响，通常发生在绝缘子内部或表面。绝缘内部缺陷通常是绝缘内部空穴放电引起的局部放电现象；绝缘表面缺陷通常是由其他类型缺陷引起的二次效应，比如局部放电产生的分解物、金属微粒引起的破坏。GIS 内部绝缘缺陷的形成主要有以下几种原因：

1）绝缘件的制造工艺和制造过程存在缺陷，导致绝缘件内部存在空穴或表面存在裂纹等现象，绝缘件在长期运行耐受高压的情况下，发生空穴放电等绝缘缺陷。

2）长期运行的绝缘件也有可能由于表面污秽而发生沿面放电。

3）由于环氧树脂材料与电极具有不同的热膨胀系数，也有可能会导致气泡的产生，在电场强度很高时，气隙会引发局部放电。

（2）绝缘缺陷判断标准。符合以下图谱特征的可判断为绝缘缺陷：

1）信号不稳定，但不像自由颗粒那样变化大，有一定的稳定值。

2）信号的 50Hz 相关性较强，一般也有 100Hz 相关性。

3）特征指数检测模式下信号无明显规律。

7. 电晕放电缺陷产生的原因及其判断标准

（1）电晕放电缺陷产生的原因。在 GIS 制造、安装及操作的过程中，可能会在高压导体或金属外壳上留下比较尖锐的突起物，这些尖端突起物在强电场中可能形成稳定的电晕放电。尖端突起物有的位于外壳内壁上，有的则出现在内部的高压导体上，由于外壳与高压导体的曲率半径不同，前者的曲率半径大于后者的曲率半径，而场强与曲率半径成反比，故高压导体周围的电场强度相对较高，出现在该位置的尖端突起物更容易引发局部放电。

（2）电晕放电缺陷判断标准。符合以下图谱特征的可判断为电晕缺陷：

1）超声波局部放电信号的产生与施加在其两端的电压有明显的关联。

2）在超声图谱中表现出明显的 50Hz 和 100Hz 相关性，50Hz 相关性大于 100Hz 相关性。

3）在相位检测模式下，检测图谱有明显的相位聚集效应。

4）在特征指数检测图谱中，放电次数累计图谱波峰主要位于整数特征值 2 处。

电晕放电缺陷超声波检测典型图谱及特征见表 2-3。

表2-3　　　　　　　　　电晕放电缺陷超声波检测典型图谱及特征

检测模式	典型图谱	图谱特征
连续检测模式	0　有效值　0.34/0.65　2mV 0　周期峰值　0.88/1.42　5mV 0　频率成分1　0/0.17　0.5mV 0　频率成分2　0/0.13　0.5mV	（1）有效值及周期峰值较背景值明显偏大； （2）频率成分1（50Hz）、频率成分2（100Hz）特征明显，且频率成分1（50Hz）大于频率成分2（100Hz）

续表

检测模式	典型图谱	图谱特征
相位检测模式		有明显的相位聚集效应，但在一个工频周期内表现为一簇，即"单峰"
时域波形检测模式		有规律脉冲信号，一个工频周期内表现为一簇；或一簇幅值明显较大，一簇明显较小
特征指数检测模式		有明显规律，峰值聚集在整数特征值处，且特征值2（100Hz）大于特征值1（50Hz）

以上反映了四类典型缺陷的超声波信号特征，在实际检测过程中因缺陷位置和运行工况不同，实际测试图谱和典型图谱会存在一定的差异。检测时将现场图谱和典型图谱库进行合理比对，可以提高判断缺陷类型的正确率。

四、注意事项

1.安全注意事项

（1）开始工作前，工作负责人应对全体工作班成员详细交代工作中的安全注意事项、带电部位。

（2）进入工作现场，全体工作人员必须正确佩戴安全帽，穿绝缘鞋。

（3）进入室内 GIS 设备场所前，检查 SF_6 气体含量显示器，确认 SF_6 气体和氧含量合格；若无 SF_6 气体含量显示器，则应先通风 15min，并用检漏仪测量 SF_6 气体含量合格，不准一人进入从事检测工作。

（4）雷雨天气严禁作业。

（5）应选择绝缘梯子，使用前要检查梯子有否断档开裂现象，梯子与地面的夹角应在 60° 左右，梯子应放倒两人搬运，举起梯子应两人配合防止倒向带电部位。

（6）在梯子上作业，必须用绳索绑扎牢固，梯子下部应派专人扶持，并加强现场安全监护。

（7）梯子上作业应使用工具袋，严禁上下抛掷物品。

（8）应避开压力释放装置，工作人员不得在 SF_6 设备防爆膜附近停留。

（9）在使用传感器进行检测时，应戴绝缘手套，避免手部直接接触传感器金属部件，做好人体防感应电的各项措施。

（10）防止误碰二次回路，防止误碰断路器和隔离开关的传动机构。

（11）根据带电设备的电压等级，全体工作人员及测试仪器应注意保持与带电体的安全距离不应小于 Q/GDW 1799.1—2013《国家电网公司电力安全工作规程（变电部分）》中规定的距离，防止误碰带电设备。

（12）专责监护人在检测期间应始终行使监护职责，不得擅离岗位或兼职其他工作。

2. 检测注意事项

（1）使用外接电源时仪器应接地良好。

（2）检测时，在传感器的检测面上涂抹适量的超声耦合剂后，传感器与壳体接触良好，无气泡或空隙，减少信号损失，提高灵敏度。

（3）检测时宜使用传感器固定装置，避免操作者人为因素的影响。

（4）选择合适的检测时间，注意外部干扰源，局部放电检测装置应能将干扰抑制到可以接受的水平。

（5）检测时，应做好检测数据和环境情况的记录或存储，如数据、波形、工况、测点位置等。

（6）应保持每次测试点的位置一致，以便于进行比较分析。

（7）检测者应了解待测设备的内部结构。

（8）检测时应防止传感器坠落。

第三节　案例分析

【例 2-1】超声波局部放电检测发现 550kV GIS 断路器异常

一、异常概况

2015 年 6 月 2 日，检测人员在对某 500kV 变电站 GIS 设备进行超声波局部放电带电检测时，发现 4 号主变压器 / 方由线 5062 断路器 A、B、C 三相气室中心位置超声波信号异常，信号源位置位于断路器中部区域，疑似机械振动缺陷。

二、检测数据

1. 检测环境

现场检测环境信息见表2-4。

表2-4　　　　　　　　　　　现场检测环境信息

检测日期	天气	温度	湿度
2015 年 6 月 2 日	晴	32℃	74%

2. 运行负荷情况

检测前对设备运行负荷情况进行了查看和记录，其中 4 号主变压器 / 方由线 5062 断路器负荷情况见表 2-5。

表2-5　　　　　　　　　4号主变压器/方由线5062断路器负荷情况

相别	A 相	B 相	C 相
运行电压（kV）	298	297	297
负荷电流（A）	1320	1346	1355

3. 超声波局部放电检测情况

先使用 PD-208 超声局部放电检测仪对设备进行普测，检测图谱如图 2-8 所示，图 2-8（a）、（b）为 4 号主变压器 / 方由线 5062 断路器附近区域的背景图谱，图 2-8（c）、（d）为 4 号变 / 方由线 5062 断路器超声图谱，检测频段为 10 ~ 100kHz。

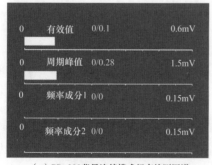

（a）PD-208背景连续模式超声检测图谱

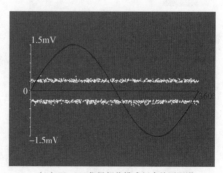

（b）PD-208背景相位模式超声检测图谱

图2-8　PD-208超声局部放电仪检测图谱（一）

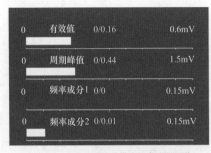

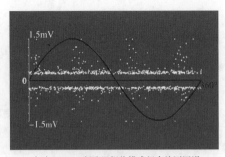

（c）PD-208断路器连续模式超声检测图谱　　（d）PD-208断路器相位模式超声检测图谱

图2-8　PD-208超声局部放电仪检测图谱（二）

随后使用 AIA-2 超声波局部放电仪进行复测，检测频段为 10~100kHz，相关检测图谱如图 2-9 所示。

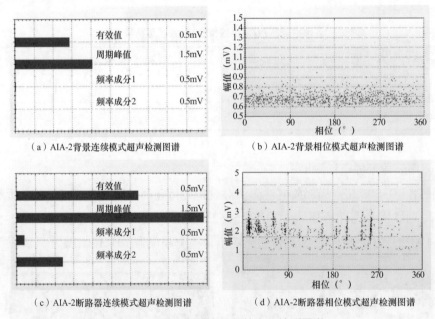

图2-9　AIA-2超声局部放电仪检测图谱

4. 特高频局部放电检测情况

使用特高频局部放电测试仪对 4 号主变压器 / 方由线 5062 断路器与 4 号主变压器 / 方由线 50621 电流互感器间的绝缘盆子进行特高频局部放电检测未见异常，检测图谱如图 2-10 所示。

 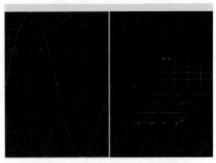

（a）背景特高频检测图谱   （b）绝缘盆子特高频检测图谱

图2-10 特高频检测图谱

5. SF₆ 气体分解物检测

4号主变压器／方由线5062断路器气室SF$_6$分解物检测未发现异常，检测结果见表2-6。

表2-6 分解物检测结果 μL/L

气室名称	气体成分	
	SO$_2$ 含量	H$_2$S 含量
4号主变压器／方由线5062断路器 A 相气室	0	0
4号主变压器／方由线5062断路器 B 相气室	0	0
4号主变压器／方由线5062断路器 C 相气室	0	0

三、综合分析

（1）根据图2-8所示的PD-208超声波局部放电检测仪检测图谱可知，4号主变压器／方由线5062断路器超声波有效值、峰值分别为0.16mV、0.44mV，且信号具有100Hz相关性。而相邻的4号主变压器／方由线50621、4号主变压器／方由线50622电流互感器气室的有效值、峰值都与背景相近，分别为0.10mV、0.28mV，没有检测到50Hz及100Hz相关性。

（2）根据图2-9所示的AIA-2超声波局部放电检测仪复测图谱，发现检测到超声信号同样高于背景值，且同时含有50Hz、100Hz频率成分，相位模式图谱也具有典型振动图谱特征。

（3）结合不同型号及生产厂家的超声局部放电检测仪检测的结果及典型振动图谱，认为该超声信号类型为机械振动。

（4）通过幅值定位法对 4 号主变压器 / 方由线 5062 断路器各点测试，发现断路器中部区域超声峰值最高，具体位置如图 2-11 所示。随后将检测频段设置为 10 ~ 50kHz，检测到的超声信号有效值、峰值变化不明显，仍具有 100Hz 相关性，根据超声信号在 SF_6 气体中的衰减特性，可以排除信号源位于 GIS 设备壳体上的情况。

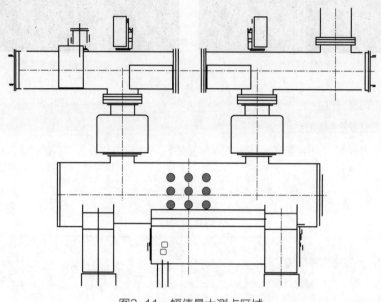

图2-11　幅值最大测点区域

（5）根据图 2-12 所示的断路器内部结构图，信号最大区域包含中心导体、支撑绝缘子、拐臂盒等，故怀疑信号源来自断路器中部位置的导体或支撑件。

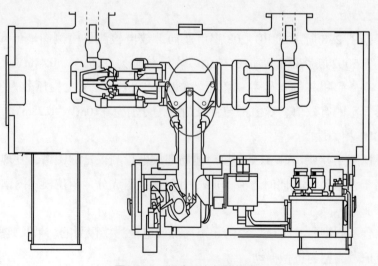

图2-12　断路器内部结构图

（6）通过查询4号主变压器/方由线5062断路器的负荷变化情况，发现检测时3号主变压器停电检修，4号主变压器/方由线5062断路器A、B、C三相负荷电流从主变压器检修前350A左右增长到1300A左右，怀疑4号主变压器/方由线5062断路器振动是因为负荷增大导致电动力增大而产生。

（7）由于断路器气室没有绝缘盆子可供特高频检测，只能在电流互感器绝缘盆子处检测，且该气室体积较大，特高频局部放电及SF_6分解物检测均未发现异常，认为设备内部振动并未伴随有明显的局部放电产生。

四、验证情况

使用不同生产厂家不同型号的超声波局部放电检测仪均检测到相似的异常信号，同时对比Q/GDW 11059—2013《气体绝缘金属封闭开关设备局部放电带电测试技术现场应用导则 第1部分：超声波法》所列举的典型机械振动图谱，典型图谱如图2-13所示。

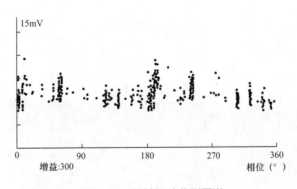

图2-13 机械振动典型图谱

通过现场检测图谱与机械振动典型图谱对比分析，超声波检测异常是GIS设备内部振动情况引起。同时根据特高频局部放电及SF_6分解物检测的结果也可验证振动并没有伴随有局部放电产生。

五、结论及建议

综合各类检测结果情况分析，4号主变压器/方由线5062断路器超声波信号异常的原因是负荷增大产生的电动力变大造成断路器内部支撑件或导体振动。由于该振动信号的幅值不大，短期内转变为局部放电而发生故障的概率不高，设备可以继续带电运行。

根据国网（运检 /3）829—2017《国家电网公司变电检测管理规定（试行）》及现场检测情况，建议：

（1）对 4 号主变压器 / 方由线 5062 断路器运行情况加强跟踪，根据负荷变化情况对 4 号主变压器 / 方由线 5062 断路器进行超声波检测，若负荷电流减小后异常信号仍然存在，则将超声波局部放电检测周期缩短至每月 1 次。

（2）结合特高频局部放电、SF_6 气体分解物检测手段判断振动发展变化趋势。

【例 2-2】超声波局部放电检测发现 252kV GIS 电流互感器异常

一、异常概况

2015 年 8 月 7 ~ 11 日，检测人员在对某 500kV 变电站 252kV GIS 设备进行超声波局部放电带电检测时，发现 1 号主变压器 220kV 201 断路器母线侧电流互感器 A 相气室超声波局部放电信号异常，从超声图谱判断，信号具有悬浮放电或机械振动的特征。

二、检测数据

1. 检测环境

现场检测环境信息见表 2-7。

表2-7　　　　　　　　　　现场检测环境信息

检测日期	天气	温度	湿度
2015 年 8 月 7 日	晴	26.0℃	77.0%
2015 年 8 月 8 日	多云	25.1℃	79.3%
2015 年 8 月 11 日	晴	30.6℃	65.8%

2. 运行负荷情况

检测前对设备运行负荷情况进行了查看和记录，其中 1 号主变压器 220kV 201 断路器母线侧电流互感器 A 相负荷情况见表 2-8。

表2-8　　　　1号主变压器220kV 201断路器母线侧电流互感器A相负荷情况

日期	负荷电流（A）	额定电流（A）
2015 年 8 月 7 日	705.21	4000
2015 年 8 月 8 日	336.34	4000

续表

日期	负荷电流（A）	额定电流（A）
2015 年 8 月 11 日	564.05	4000

3. 超声波局部放电检测情况

2015 年 8 月 7 日，采用 AIA-2 超声波局部放电检测仪对设备进行检测，检测图谱如图 2-14 所示，图 2-14（a）、（b）为 1 号主变压器 220kV 201 断路器母线侧电流互感器附近区域的背景图谱，图 2-14（c）、（d）分别为 1 号主变压器 220kV 201 断路器母线侧电流互感器 A 相气室超声检测图谱，检测频段为 10 ~ 100kHz。从检测图谱可以看出，超声信号峰值及有效值大于背景噪声值，且具有 100Hz 相关性。

将检测频段设置为 10 ~ 50kHz，检测到的超声波信号有效值、峰值变化不明显，仍具有 100Hz 相关性。

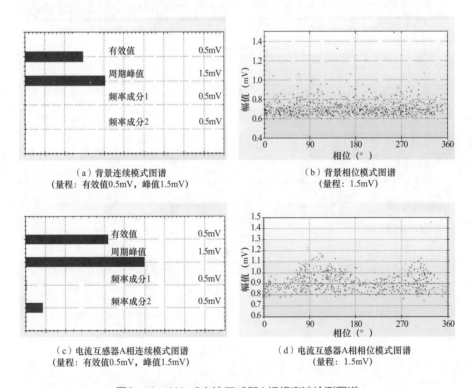

（a）背景连续模式图谱
（量程：有效值0.5mV，峰值1.5mV）

（b）背景相位模式图谱
（量程：1.5mV）

（c）电流互感器A相连续模式图谱
（量程：有效值0.5mV，峰值1.5mV）

（d）电流互感器A相相位模式图谱
（量程：1.5mV）

图2-14　AIA-2电流互感器A相超声波检测图谱

随后采用 PD-208 超声波局部放电仪进行检测，检测的超声波图谱与 AIA-2 检测图谱类似，且具有 100Hz 相关性，检测图谱如图 2-15 所示。

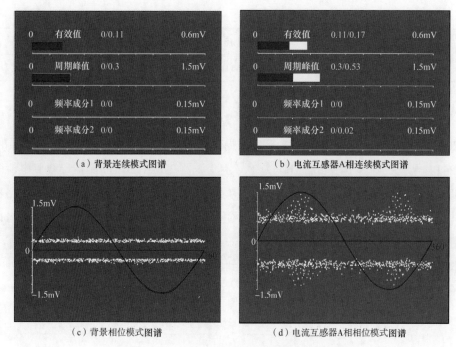

（a）背景连续模式图谱　　　　　　　　（b）电流互感器A相连续模式图谱

（c）背景相位模式图谱　　　　　　　　（d）电流互感器A相相位模式图谱

图2-15　PD-208电流互感器超声波检测图谱

2015年8月8日，1号主变压器220kV 201断路器母线侧电流互感器A相负荷下降至336.34A，检测人员再一次对电流互感器进行复测，发现在该电流下的超声波信号有效值、峰值与背景相同，没有100Hz相关性。检测图谱如图2-16所示。

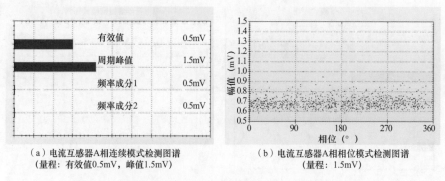

（a）电流互感器A相连续模式检测图谱　　　　（b）电流互感器A相相位模式检测图谱
（量程：有效值0.5mV，峰值1.5mV）　　　　　　　　（量程：1.5mV）

图2-16　电流互感器A相超声波检测图谱

2015年8月11日，1号主变压器220kV 201断路器负荷重新上升至564.05A，再次对断路器母线侧电流互感器A相进行复测，发现超声波信号峰值及有效值大于背景噪声值，同时也具有100Hz相关性。

4. 特高频局部放电检测情况

使用特高频局部放电测试仪在三次不同负荷电流下对1号主变压器220kV 201断路器母线侧电流互感器A相气室的绝缘盆子进行特高频局部放电检测均未发现异常，检测图谱如图2-17所示。

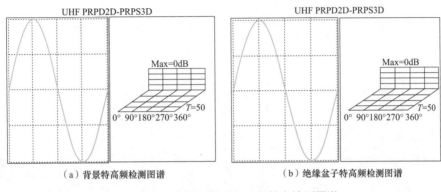

（a）背景特高频检测图谱　　　　　　（b）绝缘盆子特高频检测图谱

图2-17　绝缘盆子特高频局部放电检测图谱

5. SF_6 气体分解物检测

1号主变压器220kV 201断路器母线侧电流互感器A相气室 SF_6 分解物检测未发现异常，检测结果见表2-9。

表2-9　　　　　　　　电流互感器A相气室 SF_6 分解物检测结果　　　　　　　μL/L

气室名称	气体成分	
	SO_2 含量	H_2S 含量
1号主变压器220kV 201断路器母线侧电流互感器A相	0	0

三、综合分析

（1）根据图2-14所示的AIA-2超声波局部放电检测仪检测图谱可知，1号主变压器220kV 201断路器母线侧电流互感器A相气室超声波有效值、峰值分别为0.21mV、0.9mV，均高于背景噪声值（背景有效值0.15mV，峰值0.6mV），且信号具有100Hz相关性。从超声图谱判断，该信号具有悬浮放电或机械振动的特征。根据图2-15所示的PD-208超声波局部放电检测仪检测图谱，发现检测到超声信号连续及相位图谱的表现形式与AIA-2基本一致。

（2）根据表2-10，1号主变压器220kV 201断路器A相间隔设备超声信号记录情况，发现该异常信号在201断路器母线侧电流互感器A相幅值最大，到2011隔离开关 A 相信号逐渐减弱，2012 隔离开关 A 相、201 断路器 A 相及 201 断路器线路侧电流互感器 A 相无异常信号，位置分布如图 2-18 所示。说明此异常超声信号源于电流互感器，沿导电杆方向传播至隔离开关处。

表2-10　　　　　　　　　　　　　　超声信号幅值　　　　　　　　　　　　　mV

测点位置	有效值	峰值	50Hz 相关性	100Hz 相关性
背景	0.15	0.60	0	0
201 断路器 A 相	0.15	0.60	0	0
断路器线路侧电流互感器 A 相	0.15	0.60	0	0
断路器母线侧电流互感器 A 相	0.21	0.90	0	0.04
2011 隔离开关 A 相	0.18	0.75	0	0.02
2012 隔离开关 A 相	0.15	0.60	0	0

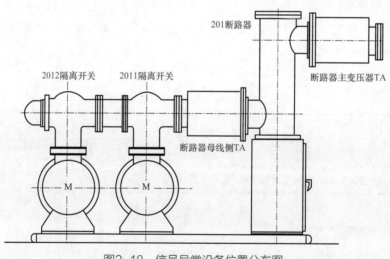

图2-18　信号异常设备位置分布图

（3）随后将检测频段设置为 10～50kHz，检测到的超声波信号有效值、峰值变化不明显，且仍具有 100Hz 相关性，根据超声波信号在 SF_6 气体中的衰减特性，可以排除信号源位于电流互感器壳体某一处的情况，认为信号源位于电流互感器内部。

（4）结合特高频局部放电检测及 SF_6 气体成分检测的结果，可排除电流互感器 A 相气室存在局部放电的可能。同时考虑超声异常信号有效值、峰值较小，可以判断该异常超声信号来源于电流互感器设备内部振动。

（5）负荷下降后，电流互感器的超声波异常信号消失，说明电流互感器振动与负荷大小密切相关。从负荷对电流互感器的影响作用分析，可能导致以下现象：

1）在负荷电流作用下，设备导杆受到电动力的作用，当负荷增大时，电动力增大，振动现象明显。当设备持续在大负荷电流运行时，持续的较大电动力可能会引起电流互感器内部紧固元件的松动。

2）由于 GIS 电流互感器内部铁芯存在交变磁场，而电流互感器内部元件在该交变磁场的作用下发生反复伸长与收缩，即所谓的"磁致伸缩"现象。负荷增大时，会导致磁致伸缩现象更加明显，从而可能导致振动现象明显。当设备持续在大负荷电流运行时，持续的较大电动力可能会引起电流互感器线圈内部紧固件的松动。

3）当电流互感器内部紧固件本身安装不牢固时，电动力的增大和磁致伸缩现象增强同样可能导致紧固件松动，造成电流互感器内部振动。

（6）电流互感器若长期处于大负荷运行状态或经历不良工况时，引起的振动会进一步造成电流互感器内部元件的松动，在设备内部电场环境下，可能发展为局部放电。

（7）在同一负荷电流下，1 号主变压器 220kV 201 断路器母线侧电流互感器（含 2 个 TPY 绕组和 1 个 5P20 绕组）有异常超声信号，而断路器线路侧电流互感器（含 2 个 5P20 绕组、1 个 0.5 绕组及 1 个 0.2S 绕组）没有异常超声信号，说明电动力作用效果、磁致伸缩现象与设备的内部结构，生产、安装工艺，原材料等因素有关，而本次带电检测中发现该生产厂家同类电流互感器存在多例超声异常情况，因此怀疑与设备内部结构、材质或生产工艺有关。

四、验证情况

（1）使用不同厂家不同型号的超声波局部放电检测仪均检测到相似的异常信号。

（2）在负荷下降后，对信号异常电流互感器进行超声波局部放电检测，无异常信号。当负荷再次增大时，进行复测，发现超声波异常信号存在，说明异常振动信号与负荷变化密切相关。

（3）对比典型磁致伸缩效应图谱。如图 2-19 所示，通过对比分析现场检测图谱与典型磁致伸缩效应图谱，超声波信号异常可能是由于电流互感器的磁致伸缩效应引起。

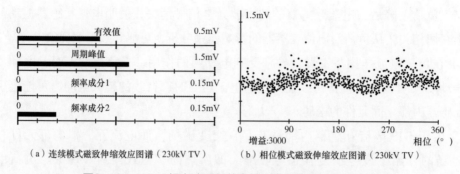

（a）连续模式磁致伸缩效应图谱（230kV TV）　　（b）相位模式磁致伸缩效应图谱（230kV TV）

图2-19　AIA-2超声波局部放电检测典型磁致伸缩效应图谱

（4）根据特高频局部放电及SF_6分解物检测的结果也可验证该异常信号并没有产生局部放电。

五、结论及建议

综合以上检测结果情况分析，1号主变压器220kV 201断路器母线侧电流互感器A相气室超声波信号异常的原因如下：

（1）大负荷时，电动力作用增强引起的设备振动。

（2）大负荷时，磁致伸缩现象增强引起的铁芯振动。

（3）电流互感器紧固元件安装不牢靠，导致设备在电动力或磁致伸缩的影响下松动，造成振动。

根据国网（运检/3）829—2017及现场检测情况，建议：

（1）由于该异常信号的幅值不大，短期内转变为局部放电而发生故障的概率不高，设备可以继续带电运行。

（2）由于该振动信号与负荷明显相关，建议对1号主变压器220kV 201断路器母线侧电流互感器A相在不同负荷时进行超声波局部放电检测，获取不同负荷电流下的异常超声波信号，同时根据检测图谱情况判断超声波图谱出现异常情况时的临界负荷电流值。

（3）当负荷电流大于此临界值时，及时进行超声波局部放电检测，同时结合特高频局部放电、SF_6气体分解物检测手段判断异常情况变化趋势。

（4）当设备在临界值以上的大负荷电流下持续运行时，及时进行监测、分析设备随着运行时间增长，设备异常情况是否有向严重发展的趋势。

【例 2-3】超声波局部放电检测发现 1000kV 某站 T063 断路器间隔 A 相异常

一、异常概况

2017 年 3 月 7 日，试验人员在进行特高压某站全站一次设备带电检测时，结合线路停电操作情况对 T063 断路器 A 相灭弧室内部悬浮放电信号进行检测，检测发现在 T063 断路器由运行改热备用后悬浮放电信号重新出现情况，信号幅值与前次检测结果相比无明显变化，但信号频次明显增多，特高频定位结果与前次基本一致。在特高频局部放电信号定位区域还能检测到与特高频局部放电信号相关联的超声波局部放电信号，超声波信号具有明显悬浮放电特征，特高频、超声波局部放电信号在 T063 断路器由热备用改冷备用（T0632 隔离开关拉开）后消失。对 T063 断路器 A 相灭弧室进行 SF_6 气体分解物检测未发现异常。

二、检测数据

1. 检测环境

现场检测环境信息见表 2-11。

表2-11　　　　　　　　　　现场检测环境信息

检测日期	天气	温度	湿度
2017 年 3 月 7 日	晴	14℃	45%

2. 检测对象及项目

检测对象为 1000kV 特高压某变电站 T063 断路器间隔 A 相，设备相关信息见表 2-12。检测项目为特高频局部放电检测、超声波局部放电检测、SF_6 分解产物检测。

表2-12　　　　　　　　　　检测对象信息

设备名称	设备型号	出厂日期
T063 断路器	ZF6-1100	2012 年 11 月

3. 超声波检测情况

在 T063 断路器由运行改热备用期间，采用 AIA-2 超声波局部放电仪对 T063 断路器灭弧室附近区域进行检测，发现该区域也存在异常超声波局部放电信号，且与特高频局部放电信号同步出现。该超声波信号幅值最大达 110mV 左右，具有显著的 100Hz 相关性，呈现典型悬浮放电特征，相关检测图谱如图 2-20 所示。

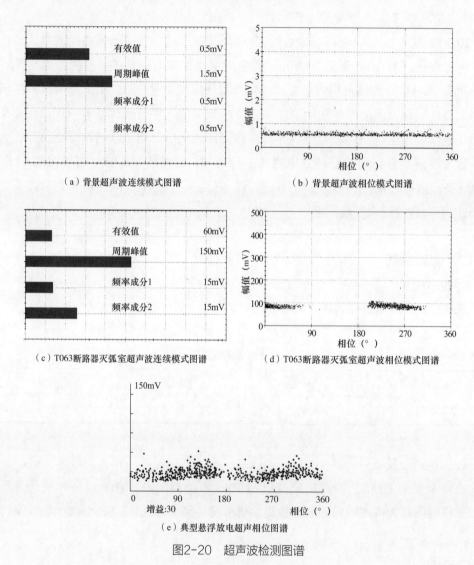

（a）背景超声波连续模式图谱　　　　　（b）背景超声波相位模式图谱

（c）T063断路器灭弧室超声波连续模式图谱　　（d）T063断路器灭弧室超声波相位模式图谱

（e）典型悬浮放电超声相位图谱

图2-20　超声波检测图谱

随后由于 T063 断路器由热备用改冷备用，超声波信号消失。

4.SF6 分解物检测情况

T063 断路器 A 相灭弧室 SF_6 气体分解物检测，未发现异常。

5. 特高频检测情况

采用莫克局部放电测试仪对 T0632 隔离开关 A 相 1000kV Ⅱ 母侧 A-14A 内置特高频传感器、T063 断路器两侧的盆式绝缘子三个位置进行特高频检测，并在外置传感器附近放置一个背景传感器，现场布置如图 2-21 所示。

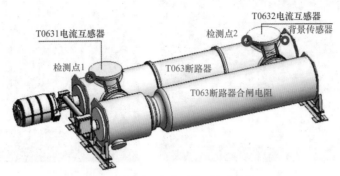

（a）检测点1和检测点2现场布置图

（b）检测点3现场布置图

图2-21　现场布置图

对检测点 1、检测点 2、检测点 3 和背景传感器进行同时监测，在同一时刻下各传感器的检测图谱如图 2-22 所示。

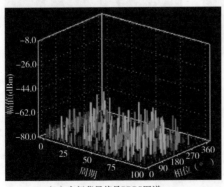

（a）空间背景信号PRPS图谱

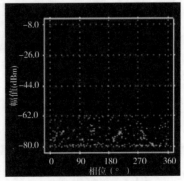

（b）空间背景信号PRPD图谱

图2-22　特高频局部放电检测图谱（一）

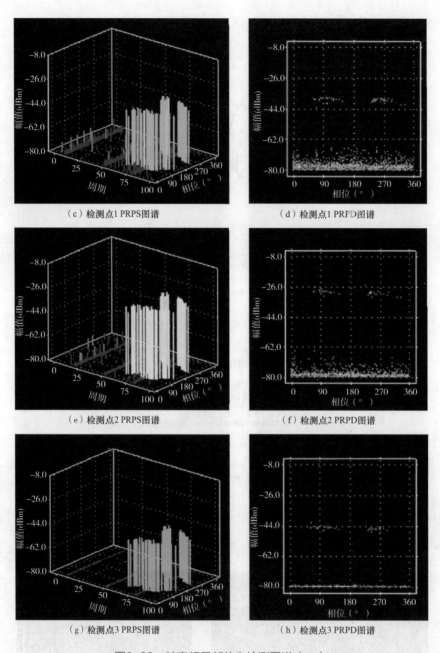

（c）检测点1 PRPS图谱 　　　　（d）检测点1 PRPD图谱

（e）检测点2 PRPS图谱 　　　　（f）检测点2 PRPD图谱

（g）检测点3 PRPS图谱 　　　　（h）检测点3 PRPD图谱

图2-22　特高频局部放电检测图谱（二）

从图 2-22 中的检测图谱可看出，在检测点 1、检测点 2 和检测点 3 的内置传感器处均能检测到谱图特征相似的悬浮放电信号，而背景传感器在同一时刻下并未检测到类似的相关信号，说明放电信号来自 GIS 内部，并非外界干扰所致。比较分别位于 T063 断路器两侧绝缘盆子处检测点 1 和检测点 2 外置传感器的检测图谱，可发现检测点 2 的放电信号幅值大于检测点 1，说明放电源位置相对靠近检测点 2。

通过特高频局部放电检测定位，发现放电源位于 T063 断路器 A 相灭弧室内断路器断口位置，距离 T0632 电流互感器 A 相与 T063 断路器 A 相间绝缘盆子约 1.65m。

6. 结论及建议

（1）结论：本次检测判断 T063 断路器间隔异常，特高频、超声波局部放电悬浮放电信号为 GIS 设备内部信号，放电源位于 T063 断路器 A 相灭弧室内断路器断口位置，距离 T0632 电流互感器 A 相与 T063 断路器 A 相间绝缘盆子约 1.65m，怀疑放电是由灭弧室内部相关固定螺栓松动或屏蔽罩松动所致。

T063 断路器 A 相灭弧室 SF_6 气体分解物检测无异常。

（2）建议：

1）在线路复役操作时安排专项带电检测工作，重点关注操作前后特高频、超声波局部放电信号的幅值、放电频次变化，同时可尝试使用超声波信号定位、声电联合等方法对特高频定位结果进行验证分析。

2）密切跟踪在线监测系统该悬浮放电信号变化情况，并每天反馈异常悬浮信号幅值，事件数及放电频次的变化情况。

3）对 T063 断路器灭弧气室每两周进行一次 SF_6 分解物检测，并做好对比分析。

4）若局部放电信号幅值、事件数、放电频次持续增长或分解物检测异常时，应及时停电处理。

第三章
红外热像检测技术

一、红外线的基本知识

1. 红外辐射的发射规律

通常把波长大于 0.75μm，小于 1000μm 的这一段电磁波称作红外线，也常称作红外辐射。电磁辐射频谱图如图 3-1 所示。

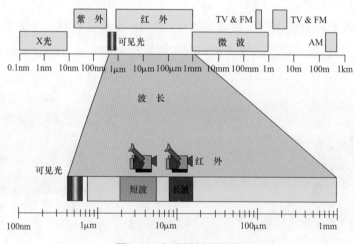

图3-1　电磁辐射频谱图

红外线辐射是自然界存在的一种最为广泛的电磁波辐射。自然界一切绝对温度高于绝对零度（-273.16℃）的物体，不停地辐射出红外线，辐射出的红外线带有物体的温度特征信息，这就是红外技术探测物体温度高低和温度场分布的理论依据和客观基础。

黑体是一个理想的辐射体，真正的黑体并不存在。黑体 100% 吸收所有的入射辐射，也就是说它既不反射也不穿透任何辐射，即吸收率 =1。自然界中实际存在的任何物体对不同波长的入射辐射都有一定的反射（吸收率不等于 1），所以，黑体只是一种理想化的物体模型。但是黑体热辐射的基本规律是红外研究及应用的基础，它揭示了黑体发射的红外辐射随温度及波长而变化的定量关系。红外辐射主要有以下四个定律。

（1）辐射的光谱分布规律：普朗克辐射定律描述温度、波长和辐射功率之间的关系，是所有定量计算红外辐射的基础。一个绝对温度为 T（K）的黑体，单位面积在波长附近单位波长间隔内向整个半球空间发射的辐射功率为

$$M_{\lambda b}(T) = C_1 \lambda^{-5} \left[\exp\left(C_2 / \lambda T \right)^{-1} \right]^{-1}$$

$$C_1 = 2\pi h c^2$$

$$C_2 = hc / k$$

式中　　C_1——第一辐射常数，$\mu m^4 \cdot W/m^2$；

C_2——第二辐射常数，$\mu m \cdot K$；

c——光速，$3 \times 10^8 m/s$；

h——普朗克常数，$6.626 \times 10^{-34} W/s^2$；

k——玻尔兹曼常数，$1.380622 \times 10^{-23} W \cdot s/K$。

（2）维恩定理：物体表面红外线辐射的峰值波长与物体表面分布的温度有关，峰值波长与温度成反比。

$$\lambda = \frac{2898}{T}$$

式中　　λ——峰值波长，μm；

T——物体的绝对温度，K。

（3）斯蒂芬—波尔兹曼定律：物体的红外辐射功率与物体表面绝对温度的四次方成正比，与物体表面的发射率成正比。物体红外辐射的总功率对温度的关系为

$$P = \varepsilon R T^4$$

式中　　T——物体的绝对温度，K；

P——物体的红外辐射功率，W/m^2；

ε——物体表面红外辐射率（辐射系数）；

R——斯蒂芬—波尔兹曼常数，$1.380662 \times 10^{-23} J/K$。

（4）朗伯余弦定律：黑体在任意方向上的辐射强度与观测方向相对于辐射表面法线夹角的余弦成正比，即公式 $I_\theta = I_0 \cos\theta$。表明黑体在辐射表面法线方向的辐射最强。因此，实际做红外检测时，应尽可能选择在被测表面法线方向进行。

2. 实际物体的红外辐射

实际的物体并不是黑体,它具有吸收、辐射、反射、穿透红外辐射的能力。吸收为物体获得并保存来自外界的辐射,辐射为物体向外发出自身能量,反射为物体弹回来自外界的辐射,透射为来自外界的辐射经过物体穿透出去。但对大多数物体来说,对红外辐射不透明,即透射率 $\tau = 0$。所以对于实际测量来说,辐射率 ε 和反射率 ρ 满足

$$\varepsilon + \rho = 1$$

式中 ε——物体红外辐射率;

  ρ——物体反射率。

实际物体的辐射由两部分组成:自身辐射和反射环境辐射。光滑表面的反射率较高,容易受环境影响。粗糙表面的辐射率较高。

物体温度越高,红外辐射越多,反之,物体温度越低,辐射越低;辐射率不一样,即使物体温度一样,高辐射率物体的辐射要比低辐射率物体的辐射要多。所以物体的温度及表面辐射率决定着物体的辐射能力。

3. 辐射率和吸收率

物体的辐射能力表述为辐射率(Emissivity 简写为 ε),是描述物体辐射本领的参数。

表面材料、温度、表面光滑度、颜色等不同的物体,其表面辐射率不同。温度一样的物体,高辐射率的表面辐射比低辐射率物体的辐射要多。如图 3-2 茶壶中装满热水,茶壶右边玻璃的表面辐射率比左边不锈钢的高,尽管两部分的温度相同,但右边的辐射要比左边的高,这也意味着物体右边的散热效率要比左边的高,如果用红外热像仪观看,右边看上去要比左边热。

一般来说,物体接收外界辐射的能力与物体辐射自身能量的能力相等,也就是说如果一个物体吸收辐射的能力强,那么它辐射自身能量的能力就强,反之亦然。

(a)可见光图   (b)红外热像图

图3-2 可见光与红外热像图

4. 红外线传播波段

红外线在大气中传播受到大气中的多原子极性分子，例如二氧化碳、臭氧、水蒸气等物质分子的吸收而使辐射的能量衰减，但存在三个波长范围分别在 $1 \sim 2.5\mu m$、$3 \sim 5\mu m$、$8 \sim 14\mu m$ 区域吸收弱，红外线穿透能力强，称之为"大气窗口"。红外热成像检测技术，就是利用了所谓的"大气窗口"。短波窗口在 $1 \sim 5\mu m$ 之间，而长波窗口则是在 $8 \sim 14\mu m$ 之间。一般红外线热像仪使用的波段为：短波（$3 \sim 5\mu m$）；长波（$8 \sim 14\mu m$）。

二、红外热像仪组成及基本原理

1. 红外热像仪组成及基本原理

电力设备运行状态的红外检测，实质就是对设备（目标）发射的红外辐射进行探测及显示处理的过程。设备发射的红外辐射功率经过大气传输和衰减后，由检测仪器光学系统接收并聚焦在红外探测器上，并把目标的红外辐射信号功率转换成便于直接处理的电信号，经过放大处理，以数字或二维热像图的形式显示目标设备表面的温度值或温度场分布，红外探测原理示意图如图 3-3 所示。

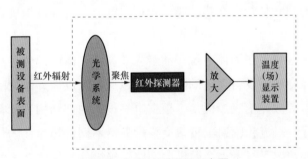

图3-3 红外探测原理示意图

2. 红外热像仪主要参数

（1）温度分辨率。温度分辨率标志着红外成像设备整机的热成像灵敏度，是一项极为重要的参数指标。温度分辨率的客观参数是噪声等效温差（NETD），它是通过仪器的定量测量来计算出热像仪的温度分辨率，从而排除了测量过程的主观因素，它定义为当信号与噪声之比等于 1 时的目标与背景之间的温差。

（2）空间分辨率。红外测温仪器分辨空间尺寸能力的技术参数（仪器可分辨物体大小的能力），以毫弧度表示。空间分辨率与镜头的视场角、探测器像元数有关。空间分辨率 =[2π × 水平视场角度（°）]/（360° × 像元数），单位为弧度（rad）。

（3）红外像元素（像素）。表示探测器焦平面上单位探测元数量。分辨率越高，成像效果越清晰。现在使用的手持式热像仪一般为 160×120、320×240、640×480 像素的非制冷焦平面探测器。

（4）测温范围。热像仪在满足准确度的条件下可测量温度的范围，不同的温度范围要选用不同的红外波段。电网设备红外检测通常在 $-20 \sim 300℃$ 内。

（5）采样帧速率。是采集两帧图像的时间间隔的倒数，单位为赫兹（Hz），宜不低于 25Hz。

（6）工作波段。是热像仪相应红外辐射的波长范围。工业检测热像仪宜工作在长波范围内，即 $8 \sim 14\mu m$。

（7）焦距。是透镜中心到其焦点的距离。焦距越大，可清晰成像的距离越远。

三、电网设备发热机理

对于高压电气设备的发热故障，从红外检测与诊断的角度大体可分为两类，即外部故障和内部故障。

外部故障是指裸露在设备外部各部位发生的故障（如长期暴露在大气环境中工作的裸露电气接头故障、设备表面污秽以及金属封装的设备箱体涡流过热等）。从设备的热图像中可直观地判断是否存在热故障，根据温度分布可准确地确定故障的部位及故障严重程度。

内部故障则是指封闭在固体绝缘、油绝缘及设备壳体内部的各种故障。由于这类故障部位受到绝缘介质或设备壳体的阻挡，所以通常难以像外部故障那样从设备外部直接获得直观的有关故障信息。但是，根据电气设备内部结构和运行工况，依据传热学理论，分析传导、对流和辐射三种热交换形式沿不同传热途径的传热规律（对于电气设备而言，多数情况下只考虑金属导电回路、绝缘油和气体介质等引起的传导和对流），并结合模拟试验、大量现场检测实例的统计分析和解体验证，也能够获得电气设备内部故障在设备外部显现的温度分布规律或热（像）特征，从而对设备内部故障的性质、部位及严重程度作出判断。

从高压电气设备发热故障产生的机理来分，可分为以下五类：

1. 电阻损耗（铜损）增大故障

电力系统导电回路中的金属导体都存在相应的电阻，因此当通过负荷电流时，必然有一部分电能按焦耳 – 楞次定律以热损耗的形式消耗掉。其发热功率为

$$P = K_t I^2 R$$

式中　　P——发热功率，W；

　　　　I——电流强度，A；

　　R——电器或载流导体的直流电阻，Ω；

　　K_f——附加损耗数。

　　K_f 为在交流电路中集肤效应和邻近效应时使电阻增大的系数。当导体的直径、导电系数和磁导率越大，通过的电流频率越高时，集肤效应和邻近效应越显著，附加损耗系数 K_f 值也越大。因此，对于大截面积母线、多股绞线或空心导体，通常均可以认为 $K_f=1$，其影响往往可以忽略不计。

　　如果在一定应力作用下导体局部拉长、变细，或者多股绞线断股，或因松股而增加表面氧化，均会减少金属导体的导流截面积，从而造成导体自身局部电阻和电阻损耗的发热功率增大。

　　2. 介质损耗增大故障

　　除导电回路以外，由固体或液体（如油等）电介质构成的绝缘结构也是许多高压电器设备的重要组成部分。用作电器内部或载流导体电气绝缘的电介质材料，在交变电场的作用下引起的能量损耗，通常称为介质损耗。由此产生的损耗发热功率表示为

$$P=U2\omega C\tan\delta$$

式中　U——施加的电压，V；

　　　　ω——交变电压角频率；

　　　　C——介质等值电容，F；

　　　　$\tan\delta$——介质损耗角正切值。

　　这种发热为电压效应引起的发热。

　　由于绝缘电介质损耗产生的发热功率与所施加的工作电压平方成正比，而与负荷电流大小无关，因此称这种损耗发热为电压效应引起的发热（电压致热型发热）。损耗发热功率表明，即使在正常状态下，电气设备内部和导体周围的绝缘介质在交变电压作用下也会有介质损耗发热。当绝缘介质的绝缘性能出现故障时，会引起绝缘介质损耗（或绝缘介质损耗因数 $\tan\delta$）增大，导致介质损耗发热功率增加，设备运行温度升高。

　　介质损耗的微观本质是电介质在交变电压作用下将产生两种损耗，一种是电导引起的损耗，另一种是由极性电介质中偶极子的周期性转向极化和夹层界面极化引起的极化损耗。

　　3. 铁磁损耗（铁损）增大故障

　　对于由绕组线圈或磁路组成的高压电气设备，由于铁芯的磁滞、涡流而产生的电能损耗称为铁磁损耗（铁损）。如果由于设备结构设计不合理、运行不正常或者由于铁芯材质不良，铁芯片间绝缘受损，出现局部或多点短路，可分别引起回路磁滞或磁饱

和或在铁芯片间短路处产生短路环流，增大铁损并导致局部过热。另外，对于内部带铁芯绕组的高压电气设备（如变压器和电抗器等）如果出现磁回路漏磁，还会在铁制箱体产生涡流发热。由于交变磁场的作用，电器内部或载流导体附近的非磁性导电材料制成的零部件有时也会产生涡流损耗，因而导致电能损耗增加和运行温度升高。

4. 电压分布异常和泄漏电流增大故障

有些高压电气设备（如避雷器和输电线路绝缘子等）在正常运行状态下都有一定的电压分布和泄漏电流，但是当出现故障时，将改变其分布电压 U_d 和泄漏电流 I_g 的大小，并导致其表面温度分布异常。此时的发热虽然仍属于电压效应发热，发热功率却由电压分布与泄漏电流的乘积决定，即

$$P = U_d I_g$$

5. 缺油及其他故障

油浸式高压电气设备由于渗漏或其他原因（如变压器套管未排气）而造成缺油或假油位，严重时可以引起油面放电，并导致表面温度分布异常。这种热特征除放电时引起发热外，通常主要由于设备内部油位面上下介质（如空气和油）热容系数不同所致。

除了上述各种主要故障模式以外，还有由于设备冷却系统设计不合理、堵塞及散热条件差等引起的热故障。

第二节 红外热像现场检测与判断

一、检测基本要求

1. 人员要求

（1）熟悉红外诊断技术的基本原理和诊断程序，了解红外热像仪的工作原理、技术参数和性能，掌握热像仪的操作程序和使用方法。

（2）基本了解被测设备的结构特点、工作原理、运行状况和导致设备故障的基本因素。

（3）熟悉和掌握相关红外热像检测标准。

（4）上述要求应经电气红外检测技术专业培训合格。

2. 安全要求

（1）应严格执行 Q/GDW 1799.1—2013《国家电网公司电力安全工作规程（变电部分）》的相关要求。

（2）应严格执行发电厂、变（配）电站及线路巡视的要求。

（3）应有专人监护，监护人在检测期间应始终行使监护职责，不得擅离岗位或兼任其他工作。

3.环境要求

（1）一般检测环境要求。

1）被测设备是带电运行设备时，应尽量避开视线中的封闭遮挡物，如门和盖板等。

2）环境温度一般不低于5℃，相对湿度一般不大于85%。

3）天气以阴天、多云为宜，夜间图像质量为佳。

4）不应在雷、雨等气象条件下进行，检测时风速一般不大于5m/s。

（2）精确检测环境要求。除满足一般检测的环境要求外，还应满足以下要求：

1）风速一般不大于0.5m/s。

2）设备通电时间不小于6h，最好在24h以上。

3）宜在阴天、夜间或晴天日落2h后进行。

4.仪器要求

（1）性能要求。

1）探测器类型：非制冷焦平面探测器宜为160×120、320×240（384×288）或640×480像元。

2）工作波段：热像仪工作在红外长波范围内，即7.5~14μm。

3）图像帧速率：一般选择15~50Hz。

4）热灵敏度（NETD）：（23±5）℃时，一般选择40~150mk。

5）空间分辨力：可根据被测物体的尺寸和距离选取。对远距离观测可选择0.2~0.7mrad，对近距离大目标可选择1.3~3.0mrad。

6）测温范围：满足-20~+350℃。

7）视场：采用标准镜头时，视场宜取25°×19°（±2°）；另可选配中、长焦或广角镜头。

8）准确度：测温准确度应不超过±2℃或测量值的±2%（℃）（取绝对值大者）。

9）发射率：可选取0.1~1.0范围，步长0.01可调。

10）连续稳定工作时间：在满足准确度的前提下，离线型热像仪连续稳定工作的时间不小于2h，在线型热像仪应24h可连续工作。

11）环境温度影响：当热像仪所处的环境温度在其工作环境温度范围内变化时，测量值数据满足准确度的要求。

12）测温一致性：精确检测应不超过中心区域测量值的 ±0.5℃（0~100℃）；一般检测不超过 ±2℃（0~100℃）。

（2）功能要求。

1）通用功能。

a. 操作方式：具备中文操作界面，用按键控制。

b. 显示模式：在红外方式下，具有白热、黑热、伪彩色（多种伪彩色调色板可选）三种显示模式，可以手动/自动调节色标。

c. 图像冻结功能。

d. 图像存储功能。

e. 单点或多点测温显示功能。

f. 操作提示功能：具备中文的操作菜单或提示功能。

g. 修正功能：输入目标距离、目标发射率、环境温度、相对湿度后，自动计算修正大气透过率和表面发射率对测量结果的影响。

2）可选功能。

a. 语音记录和回放功能。

b. 区域、直线、等温线、温差等一种或多种分析功能。

c. 温度报警功能。

d. 温差显示功能。

e. 多画面处理功能。

f. 可见光数码相机。

g. IP 地址设置功能。

h. WiFi、蓝牙、网线、RS232 等一种或多种数据传输功能。

i. 温度场数据流记录和传输。

j. 图像可存储为通用温度点阵数据文件。

k. PAL 或 NTSC 制视频输出功能。

l. SD 卡插口（最小 8G）。

二、检测方法

1. 检测准备

对现场设备红外测温历史数据进行收集，包括红外图谱库、红外缺陷记录；记录红外测温前设备负荷状况，包括设备负荷电流、运行电压、额定电流等信息。

开始红外成像测温检测前，应准备好主要仪器及辅助工器具：

（1）便携式红外成像测温仪，用于现场检测设备温度场分布，存储图谱。

（2）温湿度传感器，用于记录现场检测实时温湿度。

（3）测距仪或测距工器具，用以获得测量距离。

（4）手电筒或头灯，便于夜间检测。

（5）风速仪，用于测量现场风速。

2. 一般检测

一般检测，适用于用红外热像仪对电气设备进行大面积检测。具体检测流程如下：

（1）开始检测前，应记录现场环境因素，包括环境温度、相对湿度、风速等。

（2）仪器在开机后需进行内部温度校准，对仪器进行参数设置，包括环境温度、相对湿度、辐射率（作为一般检测，被测设备的辐射率一般取 0.9 左右）、检测对象距离等补偿参数。

（3）可采用自动量程设定。手动设定时仪器的温度量程宜设置为 T_0-10（K）至 T_0+20（K）的量程范围，其中 T_0 为被测设备区域的环境温度。

（4）有伪色彩显示功能的仪器，宜选择彩色显示方式。

（5）调节图像使其具有清晰的温度层次显示，待图像稳定后即可开始工作。一般先远距离对所有被测设备进行全面扫描，发现有异常后，记录温度异常点位置，再有针对性的近距离对异常部位和重点被测设备进行准确检测。

（6）应充分利用仪器的有关功能（如图像平均、自动跟踪等），以达到最佳检测效果，结合数值测温手段，如热点跟踪、区域温度跟踪等手段进行检测。

测温过程中应注意，当环境温度发生较大变化时，应对仪器重新进行内部温度校准。

3. 精确检测

精确测温主要用于检测电压致热型和部分电流致热型设备的内部缺陷，以便对设备的故障进行精确判断。

进行精确测温时，应注意以下几点：

（1）在安全距离允许的条件下，红外仪器宜尽量靠近被测设备，使被测设备（或目标）尽量充满整个仪器的视场，以提高仪器对被测设备表面细节的分辨能力及测温准确度，必要时，可使用中、长焦距镜头。

（2）线路检测应根据电压等级和测试距离，选择使用中、长焦距镜头。

（3）宜事先选取 2 个以上不同的检测方向和角度，确定一最佳检测位置并记录（或设置作为其基准图像），以供以后复测用，提高互比性和工作效率。

（4）正确选择被测设备的辐射率，应注意表面光洁度过高的不锈钢材料、其他金属材料和陶瓷所引起的反射或折射而可能出现的虚假高温现象。

（5）将大气温度、相对湿度、测量距离等补偿参数输入，进行必要修正。

（6）发现设备可能存在温度分布特征异常时，应手动进行温度范围及电平的调节，使异常设备或部位突出显示。

（7）记录被测设备的实际负荷电流、额定电流、运行电压及被测物体温度及环境温度值，同时记录热像图等。

4. 工作终结

工作班成员应整理原始记录，由工作负责人确认检测项目齐全，核对原始记录数据是否完整、齐备，并签名确认。检测工作完成后，应编制检测报告，工作负责人对其数据的完整性和结论的正确性进行审核，并及时向上级专业技术管理部门汇报检测项目、检测结果和发现的问题。

三、诊断方法

对于异常发热设备，应根据发热设备类型及设备发热的部位，结合不同发热机理，对设备发热类型进行判断。设备发热类型主要有三种：电压致热型设备、电流致热型设备及综合致热型设备（既有电压效应，又有电流效应，或者电磁效应引起发热的设备）。针对不同发热异常类型，可根据以下判断方法对发热设备进行诊断。

1. 表面温度判断法

主要适用于电流致热型和电磁效应引起发热的设备。根据测得的设备表面温度值，对照 GB/T 11022—2011《高压开关设备和控制设备标准的共用技术要求》中高压开关设备和控制设备各种部件、材料和绝缘介质的温度和温升极限的有关规定，结合检测时环境气候条件和设备的实际电流（负荷）、正常运行中可能出现的最大电流（负荷）以及设备的额定电流（负荷）等进行分析判断。

2. 相对温差判断法

主要适用于电流致热型设备，采用相对温差判断法，可提高对设备缺陷类型判断的准确性，降低当运行电流（负荷）较小时设备缺陷的漏判率。

相对温差是指两个对应测点之间的温差与其中较热点的温升之比的百分数。相对温差可用下式求出：

$$\delta_t = (\tau_1 - \tau_2) / \tau_1 \times 100\% = (T_1 - T_2) / (T_1 - T_0) \times 100\%$$

式中　τ_1 和 T_1——发热点的温升和温度；

τ_2 和 T_2——正常相对应点的温升和温度；

T_0——被测设备区域的环境温度（气温）。

3.图像特征判断法

主要适用于电压致热型设备。根据同类设备的正常状态和异常状态的热像图，判断设备是否正常。应排除各种干扰因素对图像的影响，必要时结合电气试验或化学分析的结果，进行综合判断。

4.同类比较判断法

根据同类设备之间对应部位的表面温差进行比较分析判断。

5.综合分析判断法

主要适用于综合致热型设备。对于油浸式套管、电流互感器等综合致热型设备，当缺陷是由两种或两种以上因素引起的，应根据运行电流、发热部位和性质，结合1~4，进行综合分析判断。对于因磁场和漏磁引起的发热，可根据电流致热型设备的判据进行判断。

6.实时分析判断法

在一段时间内让红外热像仪连续检测/监测一被测设备。观察、记录设备温度随负载、时间等因素的变化，并进行实时分析判断。多用于非常态大负荷试验或运行、带缺陷运行设备的跟踪和分析判断。

四、诊断依据

DL/T 664—2016《带电设备红外诊断应用规范》附录 H、附录 I 分别给出了对电流致热型设备发热缺陷、电压致热型发热缺陷进行诊断的依据。对于由两种或两种以上因素引起的，应综合判断缺陷性质，对于磁场和漏磁引起的发热可依据电流致热型设备的判据进行处理。

根据诊断依据，对发热缺陷进行分类，处理方法如下：

（1）一般缺陷：当设备存在过热，纵横比较温度分布有差异，但不会引起设备故障，一般仅做记录，可利用停电（或周期）检修机会，有计划地安排试验检修，消除缺陷。

对于负荷率低、温升小但相对温差大的设备，如果负荷有条件或有机会改变时，可在增大负荷电流后进行复测，以确定设备缺陷的性质，否则，可视为一般缺陷，记录在案。

（2）严重缺陷：当设备存在过热，或出现热像特征异常，程度较严重，应早做计划，安排处理。未消缺期间，对电流致热型设备，应有措施（如加强检测次数，清楚温度随负荷等变化的相关程度等），必要时可限负荷运行；对电压致热型设备，应加强监测并安排其他测试手段进行检测，缺陷性质确认后，安排计划消缺。

（3）紧急缺陷：当电流（磁）致热型设备热点温度（或温升）超过 GB/T 11022—

2011 规定的允许限值（或温升）时，应立即安排设备消缺处理，或设备带负荷限值运行；对电压致热型设备和容易判定内部缺陷性质的设备（如缺油的充油套管、未打开的冷却器阀、温度异常的高压电缆终端等）其缺陷明显严重时，应立即消缺或退出运行，必要时，可安排其他试验手段进行确诊，并处理解决。

电压致热型设备的缺陷宜纳入严重及以上缺陷处理程序管理。

五、注意事项

1. 安全注意事项

（1）开始工作前，工作负责人应对全体工作班成员详细交代工作中的安全注意事项、带电部位。

（2）进入工作现场，全体工作人员必须正确佩戴安全帽，穿绝缘鞋。

（3）雷雨天气严禁作业。

（4）在 GIS 设备区域检测时，应避开压力释放装置，工作人员不准在 SF_6 设备防爆膜附近停留。

（5）防止误碰二次回路，防止误碰断路器和隔离开关的传动机构。

（6）根据带电设备的电压等级，全体工作人员及测试仪器应注意保持与带电体的安全距离不应小于 Q/GDW 1799.1—2013 中规定的距离，防止误碰带电设备。

（7）专责监护人在检测期间应始终行使监护职责，不得擅离岗位或兼职其他工作。

（8）夜间测量时，容易发生人员摔跌，检测人员夜间进入现场，应佩戴照明设备。

2. 检测注意事项

（1）红外辐射在传输过程中由于大气中的水蒸气（H_2O）、二氧化碳（CO_2）、臭氧（O_3）、一氧化氮（NO）、甲烷（CH_4）等的吸收作用，有一定的能量衰减。检测时应尽可能在无雨无雾，空气湿度最好低于 85% 的环境条件下。

（2）为防止人员摔跌或仪器损伤，应遵循"检测勿走动，走动勿检测"原则。

（3）如果镜头出现脏污，可用镜头纸轻轻擦拭。不要使用水等进行清洗，也不要用手或纸巾直接擦拭。

（4）户外晴天要避开阳光直接照射或反射进入仪器镜头，在室内或晚上检测应避开灯光的直射，宜闭灯检测。

（5）检测电流致热型设备，最好在高峰负荷下进行。否则，一般应在不低于 30% 的额定电流下进行，同时应充分考虑小负荷电流对测试结果的影响。

（6）对汇控柜和端子箱进行检测时，防止误碰误动带电设备。

（7）被测设备周围应具有均衡的背景辐射，应尽量避开附近热辐射源的干扰，某些设备被检测时还应避开人体热源等红外辐射。

（8）检测时应考虑强电磁场对红外热像仪的影响，尽量避开强电磁场。

（9）测温过程中环境温度发生较大变化时，及时对仪器重新进行内部温度校准。

（10）对发热异常点，应记录最佳检测位置，并可做上标记，以供以后复测用，提高互比性和工作效率。

（11）由于大气尘埃中悬浮粒子散射作用的影响，使红外线辐射偏离了原来的传播方向。悬浮粒子的大小与红外辐射的波长 $0.76 \sim 17\mu m$ 相近，当这种粒子的半径在 $0.5 \sim 880\mu m$ 之间时，如果相近波长区域红外线在这样的空间传输，就会严重影响红外接收系统的正常工作。所以，红外检测应在少尘或空气清新的环境条件下进行。

（12）辐射率与测试方向有关，测试时最好保持测试角在 30℃ 之内，不宜超过 45℃，当不得不超过 45℃ 时，应对辐射率做进一步修正。

（13）当环境温度比被测物体的表面温度高很多或低很多时，或被测物体本身的辐射率很低时，邻近物体的热辐射的反射将对被测物体的测量造成影响。检测时应尽量避开邻近物体热辐射的影响。

（14）由于太阳光的反射和漫反射在 $3 \sim 14\mu m$ 波长区域内，且这一波长区域与红外诊断仪器设定的波长区域相同而极大地影响红外测温仪器的正常工作和准确判断，同时，由于太阳光的照射造成被测物体的温升将叠加在被测设备的稳定温升上。所以红外测温时最好选择在天黑或没有阳光的阴天进行，检测效果更好。

第三节　案例分析

【例 3-1】磁场造成的环流发热缺陷

一、异常概况

2015 年 5 月 27 日 ~ 6 月 4 日，检测人员在某 500kV 变电站开展红外测温检测过程中发现 3 处密度继电器气体管路发热异常，位置分别为 2 号主变压器、3 号主变压器、4 号主变压器 220kV 断路器间隔变压器侧隔离开关气室密度继电器气体管路。

二、检测对象及项目

检测对象为某 500kV 变电站 220kV GIS 设备，设备信息见表 3-1。检测项目为红外测温。

表3-1　　　　　　　　　　　　　　　　被测设备信息

电压等级	设备型号	出厂日期
220kV	SDA 524	2008 年 12 月

三、检测数据

检测数据见表 3-2。

表3-2　　　　　　　　　　　　　　　例3-1的检测数据

变电站	某变电站	测试日期	2015 年 6 月 1 日	天气	晴
环境温度	26.3℃	环境湿度	80.0%	风速	0.5m/s

温度异常位置 1 描述：2 号主变压器 220kV 断路器间隔主变压器侧隔离开关气室密度继电器气体管路发热

 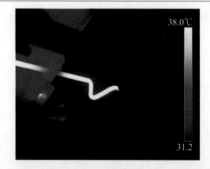

位置1可见光照片　　　　　　　　　　　　　位置1红外图谱

环境温度	26.3℃	热点温度	46.2℃	正常温度	27.3℃
温差	19.0K	相对温差	95.5%		

温度异常位置 2 描述：3 号主变压器 220kV 断路器间隔变压器侧隔离开关气室密度继电器气体管路发热

位置2可见光照片　　　　　　　　　　　　　位置2红外图谱

续表

环境温度	26.3℃	热点温度	45.9℃	正常温度	27.3℃
A、B 间管路	45.2℃	温差	17.9K	相对温差	99.4%
B、C 间管路	41.9℃	温差	14.6K	相对温差	99.3%

温度异常位置 3 描述：4 号主变压器 220kV 断路器间隔变压器侧隔离开关气室密度继电器气体管路发热

位置3可见光照片

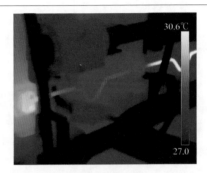

位置3红外图谱

环境温度	22.3℃	正常管路	22.4℃	—	—
A、B 间管路	32.3℃	温差	9.9K	相对温差	99%
B、C 间管路	29.5℃	温差	7.1K	相对温差	98.6%

从红外图谱上可以看出，该位置的气体管路发热明显。

四、综合分析

从表 3-2 中的红外图谱可以看出，3 个 220kV 断路器间隔气体管路与隔离开关筒之间的连接部位均形成明显的温度区分面，一侧管路明显发热，而另一侧温度正常。且 3 号主变压器、4 号主变压器 220kV 断路器间隔变压器侧隔离开关气室气体管路的 A、B 相间的气体管路温度高于 B、C 相间的管路。

结合图 3-4 设备位置俯视示意图说明，即图 3-4 中橘黄色标注部分的气体管路发热，管路在与隔离开关筒体成闭合的部分产生了发热，而在之外的部分没有发热现象。

检测现场记录负荷情况，2 号主变压器 220kV 断路器间隔三相负荷电流分别为 1345、1372、1342A；3 号主变压器 220kV 断路器间隔三相负荷电流分别为 813、826、819A；4 号主变压器 220kV 断路器间隔三相负荷电流分别为 1373、1391、1366A。在

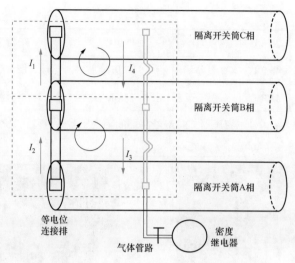

图3-4　设备位置俯视示意图

该变电站这一发热现象并非个例，而是三台主变压器 220kV 间隔的断路器间隔变压器侧隔离开关气室气体管路均在相似位置出现了过热现象，因此分析认为，由于间隔设计与现场布局的原因，主变压器 220kV 断路器间隔上方较近位置均有架空导线出线，同时主变压器间隔负荷电流较大，使得外磁场在图 3-4 中红色虚线框内的强度较大，等电位连接排、隔离开关筒和气体管路形成闭合回路，在磁场作用下产生环流。气体管路设计时并没有按照载流导体进行设计，其电阻值也较大，流过较大电流时，出现了发热现象。

五、验证情况

用钳形电流表测量三相间的气体管路、等电位连接排上的电流，按照图 3-4 中的编号排列，测得 2 号主变压器 220kV 间隔和 3 号主变压器 220kV 间隔发热位置处 I_1、I_2、I_3、I_4 电流绝对值分别为 162、244、225、192A 和 235、112、217、115A，在气体管路上流过了较大的电流，导致发热，而且，$I_3>I_4$，所以，AB 间气体管路温度也大于 BC 间气体管路温度。同时，电流值 $I_1 \approx I_4$，$I_2 \approx I_3$，符合磁场造成环流的分析。

测得 4 号主变压器 220kV 间隔发热处对应 I_1、I_2、I_3、I_4 电流绝对值分别为 509、460、106、46A，在气体管路上流过了较大的电流，导致发热。而且，$I_3>I_4$，所以，AB 间气体管路温度也大于 BC 间气体管路温度。测量结果中，I_1 和 I_2 均较大，说明该 GIS 间隔的筒壁外壳上存在较大的感应电动势，导致等电位连接排上流过了较大的电流，该电流一部分通过接地引下铜排流入大地，另一部分通过气体管路闭合成环。

六、结论及建议

（1）结论：2号主变压器、3号主变压器、4号主变压器220kV断路器间隔变压器侧隔离开关气室密度继电器气体管路发热，属于磁场造成的发热。

可能的危害：该温度异常点绝对温升并不高，不足以影响气体管路本身的强度。但是由于气体管路与GIS气室连接的位置上有密封圈等部件，在长期高温作用下可能出现老化情况，从而影响气密性，严重时会造成管路泄漏，导致气室压力下降。

（2）建议：

1）对现场电磁环境进行分析和测量，同时对主变压器220kV断路器间隔的设计进行复核。

2）可以考虑在气体管路的位置增加三相等电位连接排，使磁场造成的环流通过电阻较小的等电位连接排导通，电流不通过气体管路，消除发热现象。

【例3-2】电流致热型发热缺陷

一、异常概况

2015年5月27日~6月4日，检测人员在某500kV变电站开展红外测温检测过程中发现温度2处异常点，位置分别为500kV方由5810线出线套管等电位连接杆搭接面和乔拳5434线出线套管等电位连接杆搭接面。

二、检测对象及项目

检测对象为某500kV变电站500kV GIS设备，设备信息见表3-3。检测项目为红外测温。

表3-3 被测设备信息

电压等级	设备型号	出厂日期
500kV	GSR-500R2B	2008年

三、检测数据

检测数据见表3-4。

表3-4　　　　　　　　　　例3-2的检测数据

变电站	某变电站	测试日期	2015 年 5 月 30 日	天气	多云
环境温度	23.0℃	环境湿度	84.0%	风速	0m/s

温度异常位置 1 描述：500kV 方由 5810 线出线套管等电位连接杆搭接面

温度异常位置可见光照片

温度异常位置示意图

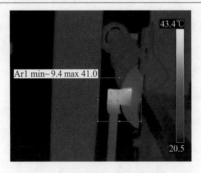

位置1搭接面1红外图谱

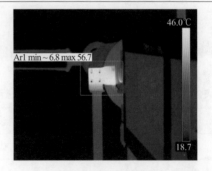

位置1搭接面2红外图谱

环境温度	23.0℃	搭接面 1 温度	41.0℃	搭接面 2 温度	56.7℃
温差	15.7K	相对温差	46.6%	—	—

续表

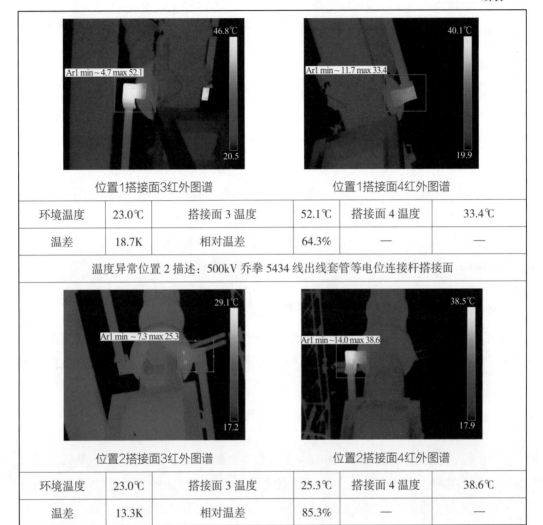

环境温度	23.0℃	搭接面 3 温度	52.1℃	搭接面 4 温度	33.4℃
温差	18.7K	相对温差	64.3%	—	—

温度异常位置 2 描述：500kV 乔拳 5434 线出线套管等电位连接杆搭接面

环境温度	23.0℃	搭接面 3 温度	25.3℃	搭接面 4 温度	38.6℃
温差	13.3K	相对温差	85.3%	—	—

　　异常发热位置 1 处，搭接面 1 和搭接面 2 分别为连接 A、B 相套管的等电位连接杆的两端搭接面，其上流过的电流相同，搭接面 2 的温度明显高于搭接面 1。搭接面 3 和搭接面 4 分别为连接 B、C 相套管的等电位连接杆的两端搭接面，其上流过的电流相同，搭接面 3 的温度明显高于搭接面 4。

　　异常发热位置 2，搭接面 3 和搭接面 4 分别为连接 B、C 相套管的等电位连接杆的两端搭接面，其上流过的电流相同，搭接面 3 的温度明显高于搭接面 4。

四、综合分析

从红外图谱和测温结果可以看出，异常发热位置 1 处，同一根等电位连接杆的两端搭接面存在较大温差，A、B 间等电位连接杆两端搭接面相对温差 46.6%，B、C 间等电位连接杆两端搭接面相对温差 64.3%。

等电位连接杆用于平衡三相 GIS 筒体外壳上的电位，同时使三相外壳上的不平衡电流相互抵消，减小接地电流。检测现场记录负荷情况，方由 5810 线三相负荷电流分别为 2295、2251、2248A。该等电位排位于出线套管下方，三相出线长度差别较大，同时内导体上电流较大，因此在这一位置，三相外壳上容易出现较高的电位差，导致等电位连接杆上流过较大的电流。当连接杆的搭接面接触不良时，接触电阻过大，容易造成发热现象。位于同一根导体两端的搭接面上流过的电流应该相同，分析红外图谱，两端搭接面存在明显温差，方由线出线套管 B 相下部等电位排的 2 号、3 号搭接面温度偏高，因此判断 2 号、3 号搭接面存在接触不良的情况。

异常发热位置 2 处，连接乔拳线 B、C 相出线套管的等电位连接杆的两端搭接面存在温差，C 相套管下方的搭接面温度较高，温差为 13.3℃，相对温差达到 85.3%。乔拳 5434 线三相负荷电流分别为 1066、1073、1005A。乔拳线出线套管 C 相下部等电位排的 4 号搭接面温度偏高，分析原因与位置 1 处相同。因此判断 4 号搭接面存在接触不良的情况。

五、结论及建议

（1）结论：依据 DL/T 664—2016《带电设备红外诊断应用规范》中电流致热型设备缺陷诊断判据，500kV 方由 5810 线出线套管等电位连接杆搭接面处存在过热现象，原因是搭接面接触不良，相对温差超过 35%，为一般缺陷；乔拳 5434 线出线套管等电位连接杆搭接面存在发热现象，相对温差大于 80%，但热点温度未达到紧急缺陷温度值，为严重缺陷。

（2）建议：

1）对该设备加强监视，密切关注测温结果，尤其是当负荷电流发生变化时，对该设备开展红外测温，观察温度变化情况。

2）结合停电机会对搭接面进行处理，并紧固螺栓，保证搭接面接触良好。

3）如果负荷增大后温度有明显增大，应引起重视并安排处理，避免温度过高造成金属材料机械强度下降或材料烧损。

【例3-3】磁场造成的涡流发热缺陷

一、异常概况

2015 年 5 月 27 日~6 月 4 日，检测人员在某 500kV 变电站开展红外测温检测过程中发现 3 处温度异常点，位置为：2 号主变压器 220kV 断路器间隔 260267 接地开关机构传动连杆、3 号主变压器 220kV 断路器间隔 260367 接地开关机构传动连杆、4 号主变压器 220kV 断路器间隔 260467 接地开关机构传动连杆。

二、检测对象及项目

检测对象为某 500kV 变电站 220kV GIS 设备，设备信息见表 3-5。检测项目为红外测温。

表3-5　　　　　　　　　　　　被测设备信息

电压等级	设备型号	出厂日期
220kV	SDA 524	2008 年 12 月

三、检测数据

检测数据见表 3-6。

表3-6　　　　　　　　　　　　例3-3的检测数据

变电站	某变电站	测试日期	2015 年 6 月 1 日	天气	晴
环境温度	26.3℃	环境湿度	80.0%	风速	0.5m/s
温度异常位置 1 描述：2 号主变压器 220kV 断路器间隔 260267 接地开关机构传动连杆局部发热					

温度异常位置1可见光照片

续表

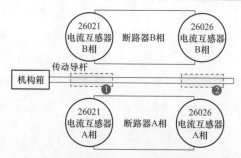

温度异常位置1设备位置示意图

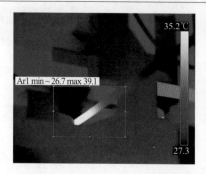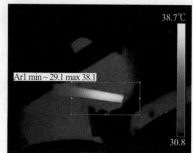

温度异常位置1红外图谱

环境参照体温度	26.3℃	传动连杆正常温度	27.2℃	—	—
1位置温度	38.1℃	温差	10.9K	相对温差	92.4%
2位置温度	39.1℃	温差	11.9K	相对温差	93%

温度异常位置2描述：3号主变压器220kV断路器间隔260367接地开关机构传动连杆局部发热

温度异常位置2可见光照片

续表

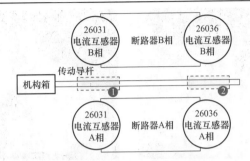

温度异常位置2设备位置示意图

 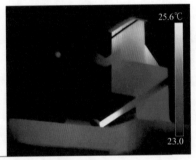

温度异常位置2红外图谱

环境温度	22.3℃	传动连杆正常温度	22.5℃	—	—
1 位置温度	28.8℃	温差	6.3K	相对温差	96.9%
2 位置温度	29.0℃	温差	6.5K	相对温差	97.0%

温度异常位置 3 描述：4 号主变压器 220kV 断路器间隔 260467 接地开关机构传动连杆局部发热

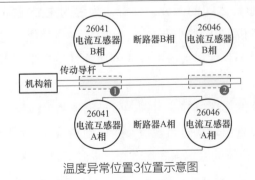

温度异常位置3位置示意图

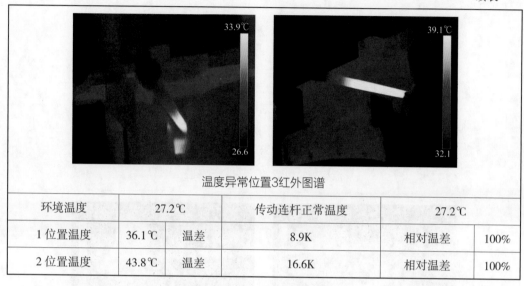

温度异常位置3红外图谱

环境温度	27.2℃		传动连杆正常温度		27.2℃	
1位置温度	36.1℃	温差	8.9K	相对温差		100%
2位置温度	43.8℃	温差	16.6K	相对温差		100%

　　根据红外图谱，连杆发热情况均为分段发热，发热位置均在电流互感器之间的导杆段，导杆其他部位未见发热。

四、综合分析

　　该站3处接地开关机构传动连杆局部发热，以2号主变压器220kV为例进行分析。传动连杆发热情况为分段发热，发热部位如表3-6中"温度异常位置1设备位置示意图"中的黄色位置所示。

　　用钳形电流表测量连杆发热段与正常未发热段的电流，测量结果均为0，因此判断造成发热的原因不是流过整段连杆的连续电流。检测现场记录负荷情况，2号主变压器220kV断路器间隔三相负荷电流分别为1345、1372、1342A。发热部位是传动连杆位于两侧电流互感器之间的部分，分析认为因为主变压器220kV断路器间隔电流较大，电流互感器周围存在漏磁现象，连杆两处发热部位与电流互感器设备距离最近，在这两个位置的磁场强度最大，因此在铁质连杆上产生了涡流，导致这个部分的连杆发热。

　　在由拳变电站这一发热现象并非个例，而是三个主变压器220kV断路器间隔的接地开关连杆均在相似位置出现了过热现象，所以判断认为，可能是由于间隔设计与现场布局的原因，造成该位置的磁场强度均较大，导致涡流发热。

五、结论及建议

（1）结论：2号主变压器220kV断路器间隔260267接地开关机构传动连杆、3号主变压器220kV断路器间隔260367接地开关机构传动连杆、4号主变压器220kV断路器间隔260467接地开关机构传动连杆分段局部发热现象，属于磁场造成的发热。

（2）建议：因为这一发热现象在该变电站多处出现，建议对现场电磁环境进行分析和测量，同时对主变压器220kV断路器间隔的设计进行复核，或采用非导磁材质连杆，消除发热现象。

【例3-4】紧固螺丝力矩不均导致的电流致热型发热缺陷

一、异常概况

2015年5月27日~6月4日，检测人员在某500kV变电站开展红外测温检测过程中发现温度异常点，位置为：2号主变压器220kV断路器间隔副母隔离开关A相与副母间盆式绝缘子。

二、检测对象及项目

检测对象为500kV由拳变电站220kV GIS设备，设备信息见表3-7。检测项目为红外测温。

表3-7 被测设备信息

电压等级	设备型号	出厂日期
220kV	SDA 524	2008年12月

三、检测数据

检测数据见表3-8。

表3-8 例3-4的检测数据

变电站	某变电站	测试日期	2015年6月1日	天气	晴
环境温度	26.3℃	环境湿度	80.0%	风速	0.5m/s
温度异常位置描述：2号主变压器220kV断路器间隔副母隔离开关A相与副母间盆式绝缘子局部过热					

续表

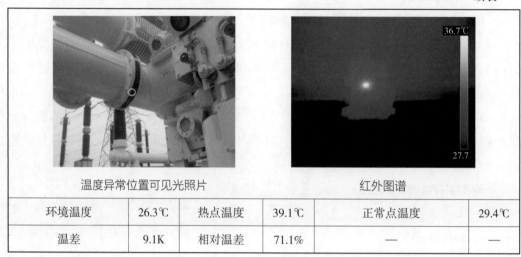

温度异常位置可见光照片				红外图谱	
环境温度	26.3℃	热点温度	39.1℃	正常点温度	29.4℃
温差	9.1K	相对温差	71.1%	—	—

从红外图谱上可以看出，发热部位为 GIS 筒与盆式绝缘子之间的金属法兰连接面上的一点。

四、综合分析

GIS 筒与盆式绝缘子之间的金属面上，有一点位置明显温度异常，而在法兰面的其他位置没有过热点。测温数据表明，相对温差 $\delta > 35\%$。

分析认为，发热位置的法兰面由于螺栓紧固力不足，导致接触不良，接触电阻过大，而在发热点部位接触最为良好，外壳上的电流集中从这点通过，造成发热现象。

五、结论及建议

（1）结论：2 号主变压器 220kV 断路器间隔副母隔离开关 A 相与副母间盆式绝缘子存在局部过热。

（2）建议：

1）对该设备加强监视，密切关注测温结果，尤其是当负荷电流发生变化时，对该设备开展红外测温，观察温度变化情况。

2）如果负荷增大后温度有明显增大，应引起重视、安排处理，盆式绝缘子内部为环氧材质，若温度过高可能导致裂化，影响内绝缘，因此需要及时处理。

3）在不停电的情况下，可以对该法兰面的固定螺丝进行紧固，观察发热现象是否消失。

4）结合停电机会对法兰面进行检查，确定发热具体原因并进行处理。

【例 3-5】电压互感器电磁单元温度异常

一、异常概况

2019 年 1 月 23 日，检测人员在某 500kV 变电站开展红外测温过程中发现泉岙洛 3582 线线路电压互感器 C 相电磁单元与正常相相比存在温度偏低情况，与正常相温差约 5.8℃，分析较大可能为 C 相电磁单元内部阻尼回路存在虚接所致。

二、检测对象及项目

检测对象：某 500kV 变电站泉岙洛 3582 线线路电压互感器，设备信息见表 3-9。检测项目为红外测温。

表3-9 被测设备信息

电压等级	设备型号	出厂日期	投运日期
252kV	TYD35/$\sqrt{3}$ -0.02FH	2018 年 4 月 1 日	2019 年 1 月 4 日

三、检测数据

检测数据见表 3-10。

表3-10 例3-5的检测数据

变电站	某变电站	测试日期	2019 年 1 月 23 日	天气	晴
环境温度	3.0℃	环境湿度	50.0%	风速	0.3m/s
温度异常位置：泉岙洛 3582 线线路电压互感器 C 相电磁单元					

泉岙洛3582线线路电压互感器红外图谱		35kV Ⅱ母3529电压互感器红外图谱	
A 相电磁单元	15.2℃	A 相电磁单元	15.4℃
B 相电磁单元	15.1℃	B 相电磁单元	15.6℃
C 相电磁单元	9.3℃	C 相电磁单元	15.1℃

从检测图谱可以看到，泉峇洛 3582 线线路电压互感器 A、B 相及 35kV Ⅱ母 3529 电压互感器三相电磁单元温度基本一致，仅泉峇洛 3582 线线路电压互感器 C 相电磁单元温度偏低约 5.8℃，因此判断应为 C 相电磁单元内部存在异常。

四、综合分析

该型号电压互感器电磁单元内二次绕组设置了防止产生铁磁谐振的阻尼回路，当阻尼回路未投入使用时，电磁单元温度可能会偏低。电磁单元电气原理图与内部结构俯视图如图 3-5 所示。

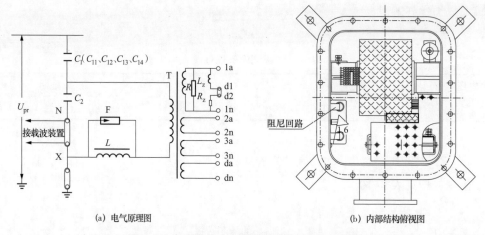

(a) 电气原理图   (b) 内部结构俯视图

图3-5   电磁单元电气原理及内部结构示意图

对温度正常的泉峇洛 3582 线线路电压互感器 A、B 相及 35kV Ⅱ母 3529 电压互感器三相电磁单元四面进行红外测温，发现均为右侧面油位观察窗附近温度最高，正与阻尼回路在电磁单元中的位置相对应，泉峇洛 3582 线线路电压互感器 A 相电磁单元四面红外检测图谱如图 3-6 所示。

因此，综合以上检测结果，判断泉峇洛 3582 线路电压互感器 C 相电磁单元相比 A、B 两相温度偏低约 5.8℃的原因，较大可能是 C 相电磁单元内部阻尼回路存在虚接。由于电容式电压互感器（CVT）主要由电容和非线性电感元件组成，因此为防止在 CVT 的暂态过程中激发铁磁谐振，继而影响电压互感器的绝缘性能和引发二次继电器的误动作，一般需要在中间变压器二次绕组设置阻尼回路。若阻尼回路存在虚接现象，将导致 CVT 暂态过程中铁磁谐振不能有效消除。

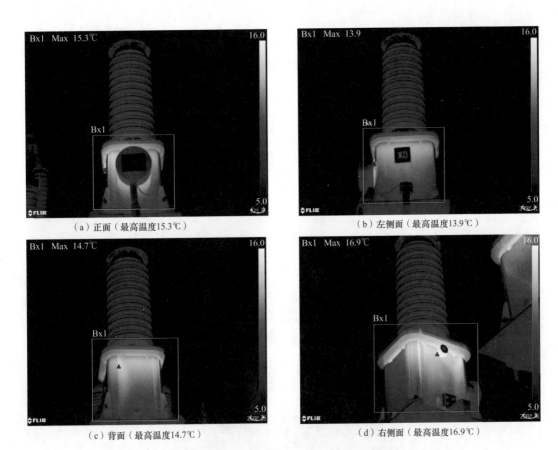

（a）正面（最高温度15.3℃）　　　　　　（b）左侧面（最高温度13.9℃）

（c）背面（最高温度14.7℃）　　　　　　（d）右侧面（最高温度16.9℃）

图3-6　泉岙洛3582线线路电压互感器A相电磁单元四面红外检测图谱

（以电磁单元二次接线盒为正面）

五、结论及建议

泉岙洛 3582 线路电压互感器 C 相电磁单元与正常相相比温度偏低约 5.8℃，较大可能为 C 相电磁单元内部阻尼回路存在虚接所致。

根据国网（运检 /3）829—2017《国家电网公司变电检测管理规定（试行）》及现场检测情况，建议继续跟踪该组电压互感器温度变化趋势，结合停电检修。

【例 3-6】端子箱内温湿度控制器故障引起的加热器异常启动

一、异常概况

2015 年 8 月 7 日，检测人员在某 500kV 变电站开展外测温检测过程中发现温度异常点，位置为 220kV 武天二线电压互感器端子箱。

二、检测对象及项目

检测对象为某 500kV 变电站 220kV GIS 设备，设备信息见表 3-11。检测项目为红外测温。

表3-11　　　　　　　　　　被测设备信息

电压等级	设备型号	出厂日期
220kV	ZF16-252（L）	2011 年 6 月

三、检测数据

检测数据见表 3-12。

表3-12　　　　　　　　　　例3-6检测数据

变电站	某变电站	测试日期	2015 年 8 月 7 日	天气	多云
环境温度	21.4℃	环境湿度	74.0%	风速	0m/s
温度异常位置描述：220kV 武天二线电压互感器端子箱					

温度异常位置可见光照片

续表

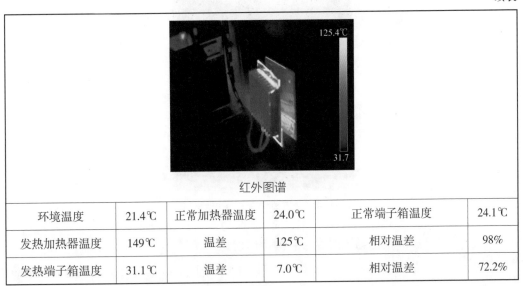

红外图谱

环境温度	21.4℃	正常加热器温度	24.0℃	正常端子箱温度	24.1℃
发热加热器温度	149℃	温差	125℃	相对温差	98%
发热端子箱温度	31.1℃	温差	7.0℃	相对温差	72.2%

　　测温结果表明，在外界环境因素相同的情况下，220kV 武天二线电压互感器端子箱内加热器启动，而 220kV GIS 其他间隔的电压互感器端子箱内加热器均未启动。同时，因为加热器长时间启动，所以 220kV 武天二线电压互感器端子箱的整体温度也明显高于其他端子箱。

　　2015 年 8 月 7 日上午 7∶30 至下午 3∶30，每隔一小时对加热器进行一次检查，发现 220kV 武天二线电压互感器端子箱内加热器一直处于启动状态，而 220kV GIS 其他间隔的电压互感器端子箱内加热器始终没有启动。

四、综合分析

1. 端子箱内温湿度控制原理

　　温湿度控制原理图如图 3-7 所示，在端子箱内，温湿度传感器采集箱内的温湿度数据，温湿度控制器接收数据后，控制加热器通断。

图3-7　温湿度控制原理图

　　检查端子箱内温湿度控制器面板显示值，如图 3-8 所示，220kV 武天二线电压互感器端子箱内温度 31.2℃，湿度 52.1%，湿度控制灯亮起，表明湿度控制被触发。

图3-8　温湿度控制器面板显示值

2. 温湿度传感器检查与温湿度控制器定值检查

利用手持式温湿度计（型号 FLUKE 971）测量箱内温湿度，与温湿度控制器面板显示值一致，由此确定端子箱内的温湿度传感器运行正常。

查看温湿度控制器定值，加热器启动温度 30℃，启动湿度 70%，即温度低于30℃，或湿度高于 70% 时启动加热器。当前端子箱内温湿度均未达到启动值，所以判断温湿度控制器存在故障，或者控制器与加热器之间的接线错误。

3. 温湿度控制器控制逻辑检查

首先手动调整控制器的湿度定值，检查结果见表 3-13。控制灯亮起代表启动加热。

表3-13　　　　　　　　　　湿度控制逻辑检查结果

端子箱内湿度	湿度控制定值	湿度控制灯状态
55.2%	80%	亮起
	70%	亮起
	60%	亮起
	50%	熄灭
	40%	熄灭
	30%	熄灭
	20%	熄灭
	10%	熄灭

然后手动调整控制器的温度定值，检查结果见表 3-14。控制器亮起代表启动加热。

表3–14　　　　　　　　　　　温度控制逻辑检查结果

端子箱内温度	温度控制定值	温度控制灯状态
34℃	20℃	亮起
	30℃	亮起
	40℃	熄灭
	50℃	熄灭

检查结果表明：

（1）湿度控制逻辑错误，湿度大于定值时不启动，湿度小于定值时反而启动。

（2）温度控制逻辑正确。

4.加热器两端电压检查

通过调整温度和湿度控制定值，改变温湿度控制灯点亮熄灭的组合，同时检查加热器两端电压，检查结果见表 3–15。

表3–15　　　　　　　　　　　加热器两端电压检查结果

温度控制灯状态	湿度控制灯状态	加热器两端电压
亮起	亮起	229V
亮起	熄灭	229V
熄灭	亮起	229V
熄灭	熄灭	229V

检查结果表明，无论温湿度控制器状态如何，加热器始终处在工作状态。

5.检测结果分析判断

（1）温湿度控制器故障，湿度控制逻辑错误。

（2）温湿度控制器的输出信号错误，或者控制器与加热器之间接线错误，导致加热器不受控制，始终处于工作状态。

五、验证情况

检测人员与运维人员一同将 220kV 武天二线电压互感器端子箱的温湿度控制器拆下，进行进一步检查。

端子箱内使用 XTC–5011N 温湿度控制器，湿度控制器接线图如图 3–9 所示。

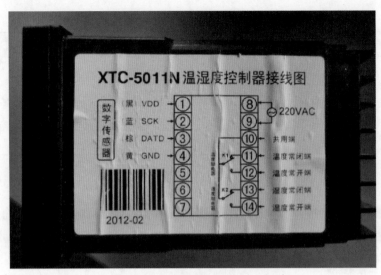

图3-9　温湿度控制器接线图

检查发现，①～④端子连接温湿度传感器，控制器⑧、⑨端子接220kV电源，控制器⑧、⑫端子连接加热器两端，其余端子没有接线。即控制器的湿度端子没有输出接线，加热器只受温度端子控制。

进一步用万用表检查发现，无论温度控制等是否亮起，⑨和⑪端子一直断开，⑨和⑫端子一直接通，因此判定，温度控制接点粘连，常闭接点始终接通，常开接点始终断开。因为接点粘连，导致加热器两端始终有220V交流电压，长时间处于工作状态。

六、结论及建议

结论：220kV武天二线电压互感器端子箱内温湿度控制器故障，导致加热器异常启动，具体故障原因为：

（1）温度控制的常闭接点粘连，导致电压始终输出。

（2）湿度控制逻辑错误。

（3）湿度控制端子没有输出接线。

可能的危害：由于加热器始终处于启动状态，端子箱内将持续维持较高温度，加热器附近的温度超过100℃，在长期高温作用下，二次线缆的绝缘外皮容易较快老化，导致绝缘性能下降，可能造成短路。如图3-10所示，加热器导线接头位置的黄蜡管已经出现了烧焦碳化现象。

图3-10　加热器导线接头处的黄蜡管

建议：尽快安排检修，更换存在故障的温湿度控制器，并恢复湿度控制输出端子的接线。如果短时间内没有备品备件，考虑到夏季白天温度较高，不易产生凝露，可以在晴天的白天暂时断开加热器电源。

【例3-7】直流穿墙套管接头红外异常发热

一、异常概况

2019年7月9日，检测人员对某特高压换流站直流穿墙套管进行红外测温工作，发现极Ⅰ高端400kV直流穿墙套管和极Ⅱ高端800kV直流穿墙套管接头存在异常发热现象。

二、检测对象及项目

检测对象：某特高压换流站极Ⅰ高端400kV直流穿墙套管和极Ⅱ高端800kV直流穿墙套管，设备信息见表3-16。检测项目为红外测温。

表3-16　　　　　　　　　　　　　被测设备信息

设备名称	电压等级	设备型号	出厂日期
极Ⅰ高端400kV直流穿墙套管	直流400kV	GGFL 400	2015年10月
极Ⅱ高端800kV直流穿墙套管	直流800kV	GGFL 800	2015年10月

三、检测数据

检测数据见表 3-17。

表3-17 例3-7检测数据

变电站	某特高压换流站	测试日期	2019 年 7 月 9 日	天气	阴
环境温度	22.1℃	环境湿度	80.0%	风速	0.5m/s

异常发热点 1：极 I 高端 400kV 直流穿墙套管直流场侧接头

极 I 高端400kV直流穿墙套管直流场侧接头可见光照片

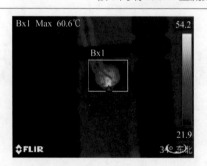

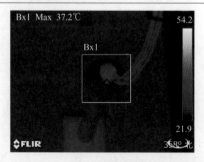

极 I 高端400kV直流穿墙套管直流场侧接头红外检测图谱（异常）	极 II 高端400kV直流穿墙套管直流场侧接头红外检测图谱（正常）

环境温度	22℃	最高温度	极 I 高端 400kV 直流穿墙套管直流场侧接头（异常）	极 II 高端 400kV 直流穿墙套管直流场侧接头（正常）
			60.6℃	37.2℃
相对温差			60.9%	—

续表

负荷电流	极Ⅰ高端400kV 直流穿墙套管	极Ⅱ高端400kV 直流穿墙套管
负荷电流	4382.5A	4374.3A

异常发热点 2：极Ⅱ高端 800kV 直流穿墙套管直流场侧接头

极Ⅱ高端800kV直流穿墙套管直流场侧接头可见光照片

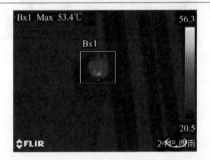

极Ⅱ高端800kV直流穿墙套管直流场侧接
头红外检测图谱（异常）

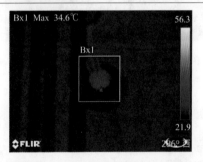

极Ⅰ高端800kV直流穿墙套管直流场侧接头红
外检测图谱（正常）

环境温度	22℃	最高温度	极Ⅱ高端 800kV 直流穿墙套管直流场侧接头（异常）	极Ⅰ高端 800kV 直流穿墙套管直流场侧接头（正常）
			53.4℃	34.2℃
相对温差			61.1%	—
负荷电流			极Ⅱ高端 800kV 直流穿墙套管	极Ⅰ高端 800kV 直流穿墙套管
			4374.3A	4382.5A

四、综合分析

（1）根据图 3-11 红外检测图谱可看到极 I 高端 400kV 直流穿墙套管直流场侧接头中心区域存在异常发热现象，热点温度 60.6℃，相对温差 60.9%，相对温差大于 35% 但热点温度小于 90℃，为一般缺陷；根据图 3-12 红外检测图谱可看到极 II 高端 800kV 直流穿墙套管直流场侧接头中心区域存在异常发热现象，热点温度 53.4℃，相对温差 61.1%，相对温差大于 35% 但热点温度小于 90℃，为一般缺陷。

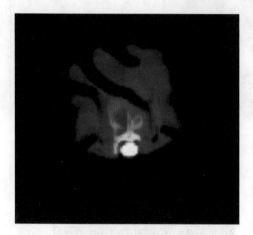

图3-11　极 I 高端400kV直流穿墙套管直流场侧接头发热区域

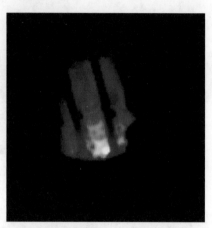

图3-12　极 II 高端800kV直流穿墙套管直流场侧接头发热区域

（2）穿墙套管户外侧端部结构示意图如图 3-13 所示，套管内部采用整根铝质的导杆，导杆引出位置焊接铜铝合金材料，套管端部铜头（镀银）通过螺栓连接，然后通过由铝制线夹和紫铜抱箍组成的金具与分裂导线相连接，金具接触面焊接一层铜铝过度面。

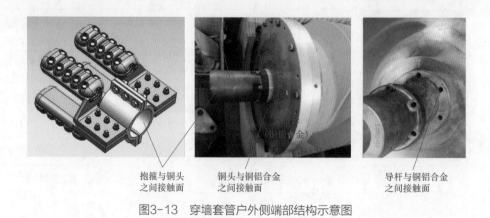

图3-13　穿墙套管户外侧端部结构示意图

（3）由红外检测图谱可看到，极Ⅰ高端400kV直流穿墙套管直流场侧接头和极Ⅱ高端800kV直流穿墙套管直流场侧接头热点均位于接头中心铜头区域，因此根据穿墙套管户外侧端部结构图，怀疑接头异常发热具体位置可能为：①抱箍与铜头之间接触面；②铜头跟铝合金之间接触面；③导杆与铜铝合金之间接触面。由于6月已对线夹、抱箍进行了更换处理，更换后接头处仍旧存在发热现象，因此铜头跟铝合金之间接触面、导杆与铜铝合金之间接触面异常导致发热的可能性较大。

五、结论及建议

综合以上检测结果情况分析，极Ⅰ高端400kV直流穿墙套管直流场侧接头和极Ⅱ高端800kV直流穿墙套管直流场侧接头异常发热较大可能是由铜头跟铝合金之间接触面或导杆与铜铝合金之间接触面异常引起。针对以上判断，建议如下：

（1）停电处理前加强红外测温跟踪力度，掌握其温度变化趋势，必要时进行停电处理。

（2）定期对存在接头异常发热的穿墙套管进行 SF_6 分解物检测。

（3）停电处理时先对套管端部各接触面回路电阻进行检查，以明确发热位置。

【例3-8】断路器储能故障导致保护回路电阻发热

一、异常概况

2015年8月2日，检测人员在某500kV变电站开展红外测温检测过程中发现温度异常点，位置为220kV昭雪一线断路器B相机构箱内的R2电阻和49MX继电器。

二、检测对象及项目

检测对象为某500kV变电站220kV GIS设备，设备信息见表3-18。检测项目为红外测温。

表3-18　　　　　　　　　　　　被测设备信息

电压等级	设备型号	出厂日期
220kV	LWG9-252	2008年11月

三、检测数据

检测数据见表3-19。

表3-19　　　　　　　　　　例3-8检测数据

变电站	某变电站	测试日期	2015 年 8 月 2 日	天气	多云
环境温度	23.7℃	环境湿度	75.0%	风速	0m/s

温度异常位置描述：220kV 昭雪一线断路器 B 相机构箱内的 R2 电阻和 49MX 继电器

温度异常位置可见光照片			红外图谱		
环境温度	23.7℃	正常 49MX 继电器温度	28.3～28.8℃	正常 R2 电阻温度	27.5～27.7℃
发热 49MX 温度	90.2℃	温差	61.4℃	相对温差	92.3%
发热 R2 温度	84.9℃	温差	57.4℃	相对温差	93.8%

220kV 昭雪一线断路器 B 相机构箱内，R2 电阻存在明显的发热现象，R2 电阻为整体发热。同一间隔断路器 A、C 相，以及其他间隔断路器机构箱内对应电阻均没有发热现象。

从测温结果看到，热点温度较高，达到了 84.9℃且相对温差达 93.8%。

四、综合分析

1. 现场检查情况

发现 220kV 昭雪一线断路器 B 相机构箱内存在过热现象后，对该间隔断路器进行了全面检查。

220kV 昭雪一线断路器型号为 LWG9-252，出厂编号 364，出厂日期 2008 年 11 月，采用液压弹簧机构。

检查中发现如下情况：

（1）断路器汇控柜内，"断路器 B 相电动机过流、过时"报警光字牌亮起。

（2）断路器储能电动机电源空气开关拉开。

（3）三相断路器机构箱内，B 相 49MX 继电器吸合，A、C 相 49MX 继电器断开。

（4）B 相碟簧与 A、C 相相比有较大间隙，B 相碟簧存在储能未完全到位的现象，如图 3-14、图 3-15 所示。

图3-14　A相碟簧

图3-15　B相碟簧

（5）变电站值班员介绍，由于 220kV 昭雪一线 B 相断路器电动机存在频繁、长时间打压情况，因此值班员将 220kV 昭雪一线的储能电动机电源断开，以此来避免储能电动机启动。

2. 储能电动机保护工作原理

红外测温工作中发现的温度异常元件为 R2 电阻，它们是储能电动机保护与控制回路的元件，造成元件发热的原因是电阻上持续通过电流，因此，结合电路图对电阻持续通流的原因进行分析。

电动机控制回路与保护回路电路图如图 3-16 所示，33SP 为储能限位开关（行程开关），88M 为接触器线圈，48T、49MX 和 49M 分别为时间继电器、辅助继电器和热继电器。图中，49MX（21-22）和 49MX（31-32）为辅助继电器的常闭触点，48T（67-68）为时间继电器的常开延时闭合触点，49MX（13-14）为辅助继电器的常开触点，49M（97-98）为热继电器的常开触点，RESET（21-22）为复归按钮的常闭触点。图 3-17 为电动机回路图，88M（1-2）和 88M（3-4）为接触器常开触点。

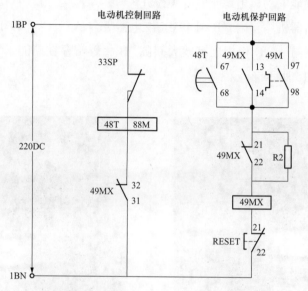

图3-16　电动机控制回路与保护回路电路图

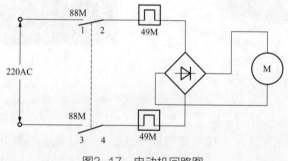

图3-17　电动机回路图

电动机控制回路的正常动作程序为如下：

（1）储能正常情况下，碟簧能量释放后，行程开关 33SP 处于"未储能"位置，接通电动机控制回路，88M 线圈得电，88M（1-2）和 88M（3-4）闭合，储能电动机开始工作；碟簧储能到位后，行程开关 33SP 处于"已储能"位置，断开电动机控制回路，88M 线圈得电，88M（1-2）和 88M（3-4）断开，电动机断电停止工作。

（2）储能异常情况下，时间继电器线圈在电动机开始工作的同时通电并开始计时，当电动机打压时间超过继电器整定值时，48T（67-68）触点闭合；或者当电动机过热时，49M（97-98）触点闭合。上述两种情况都会使 49MX 的线圈通电，吸合继电器。49MX 吸合后：49MX（31-32）断开，闭锁电动机控制回路，88M 线圈失电，88M（1-2）和 88M（3-4）断开，电动机断电停止打压；49MX（31-32）断开，48T 线圈失电，时间继电器复归；49MX（13-14）闭合，49MX（21-22）断开，电动机保护回路通过 49MX（13-14）、R2 电阻、49MX 的线圈构成自保持回路，持续发出报警信号，需要通过手动按下复归按钮（RESET），才能复归整个电动机保护回路。

3. 缺陷情况分析

由于 220kV 昭雪一线断路器 B 相碟簧储能行程开关节点没有动作到"已储能"位置，电动机储能信号持续存在。在达到时间继电器设定时间后，出现电动机过时（打压超时）的报警信号，同时接通 49MX 继电器线圈。

根据上述对电动机保护回路的分析可知，49MX（13-14）、R2 电阻、49MX 的线圈构成自保持，导致 R2 电阻长时间通电造成发热现象。

结合电动机频繁、长时间打压的现象，以及汇控柜内光子牌报警信息，判断 B 相储能模块存在问题，可能存在原因有：

（1）液压系统中的阀门密封不严，当储能电动机动作建立油压超过阀门能承受的油压时，高低压油箱之间发生泄漏，导致始终不能储能到位。

（2）储能电动机机构存在缺陷，如齿轮咬合不良，导致电动机空转。

（3）油泵管路中存在气泡，使得电动机动作时不能建立正常油压。

（4）储能电动机曾经出现过流现象，导致电动机线圈匝间绝缘损坏，造成匝间短路，使电动机无法正常工作。

（5）33SP 行程开关节点异常，无法切换到"已储能"的位置，导致电动机控制回路始终发出储能信号。

4. 初步结论

现场带电检测确定 R2 电阻长时间通电发热，该现象可能导致电阻元件烧损，造成电动机保护回路失效，储能电动机失去保护，引起电动机损坏。

现场进一步检查分析后怀疑可能存在断路器 B 相碟簧储能不到位以及 B 相储能模块缺陷的情况，该缺陷会导致断路器不能正常分合造成严重事故。

检测人员在现场检测完成后立即向工作负责人和变电站值班员告知存在异常情况及可能产生的后果，同时建议运检单位尽快对该设备进行相关检查和处理，避免事故发生。

五、验证情况

检修人员在现场对 220kV 昭雪一线 B 相断路器机构进行了检查，结果如下：

（1）现场确认辅助继电器 49MX 处在吸合位置，电动机保护回路处于长时间通电状态，所以 R2 电阻发热。

（2）合上储能电动机电源，并按下报警复归按钮后，B 相储能电动机开始动作，说明行程开关 33SP 处于"未储能"位置，即 B 相碟簧确实未储能到位。

（3）合上储能电动机电源，并按下报警复归按钮后，B 相储能电动机开始动作，但是电动机声响异常，碟簧未继续储能，判断该储能模块存在缺陷。

（4）储能电动机打压时间超过时间继电器整定值后，继电器动作，切断电机回路，打压停止，同时"断路器 B 相电机过流、过时"报警光字牌亮起。

（5）该断路器为运行设备，不能开展进一步试验。

（6）为了避免电动机长时间启动，值班员随后断开了储能电动机电源。

根据 Q/GDW 448—2010《气体绝缘金属封闭开关设备状态评价导则》，该断路器存在油泵单次打泵超时，为Ⅳ级裂化，扣分值为 10×3=30 分，断路器单项扣分大于等于30 分，为严重状态。Q/GDW 447—2010《气体绝缘金属封闭开关设备状态检修导则》，被评价为"严重状态"的 GIS，根据评价结果确定检修类别和内容，并尽快安排检修，实施停电检修前应加强 D 类检修。

六、结论及建议

（1）结论：红外测温显示，220kV 昭雪一线断路器 B 相机构箱内的 R2 电阻发热，R2 温度 84.9℃，与同一间隔断路器 A、C 相，以及其他间隔断路器机构箱内对应继电器之间存在明显温差，温差 57.2℃，相对温差 93.8%。进一步检查分析发现，断路器机构碟簧储能不到位，储能模块可能存在缺陷。

（2）可能的危害：

1）电阻长时间发热，且热点温度较高，高温下金属容易发生氧化，影响阻值，最终可能导致继电器不能正常动作，电动机保护回路失效。

2）断路器打压超时，闭锁电动机控制回路，断路器带缺陷运行，存在一定的安全隐患。

3）现场储能电动机电源拉开，碟簧释放能量后将无法储能，此时断路器将不能动作。

4）由于设备带电运行，储能模块的故障原因尚未确认，但该缺陷可能导致严重后果。如果液压系统故障，油压持续下降会导致断路器闭锁，无法正常动作，如果储能电动机故障，则碟簧无法储能，影响断路器分合闸操作。

（3）建议：根据 Q/GDW 447—2010 和 Q/GDW 448—2010，尽快确定检修内容并尽快安排检修，对 220kV 昭雪一线 B 相断路器机构进行详细检查和缺陷处理。

第四章
红外成像检漏技术

第一节 红外成像检漏技术基本原理

目前以SF_6气体作为绝缘和灭弧介质的高压电气设备在电力系统中已成为主流设备。受制造工艺水平及运行环境的影响，密封不良或密封圈老化成为导致SF_6气体泄漏的主要原因，给电力安全生产带来严重的影响。早期，SF_6气体检漏主要采用肥皂水查漏、包扎法、便携式卤素检漏仪等方法。随着现代检测技术的不断发展和进步，红外成像检漏技术已经逐步应用到SF_6气体的检漏工作中，实时直观地发现电气设备中的泄漏状况，准确判断SF_6气体泄漏源，保障电力设备的安全稳定运行。

一、SF_6气体特性

SF_6气体作为一种重要的气体绝缘介质，其密度约是空气的5倍，在均匀电场中的击穿强度约为空气的3倍，灭弧能力约是空气的100倍，具有优异的绝缘、灭弧特性。

1. 负电性

负电性是指原子或分子吸收自由电子形成负离子的特性。而当分子或原子与电子结合时会释放出能量即电子亲和能，元素或物质的负电性强弱可由电子亲和能来评价，若干元素的电子亲和能值见表4-1。氟元素属于卤族元素，最外层有7个电子，很容易吸收一个电子形成稳定的电子层，具有强负电性。当氟与硫结合形成SF_6气体后，气体仍将保留此特性，其电子亲和能达3.4eV。

表 4-1 　　　　　　　　若干元素的电子亲和能值

元素	F	Cl	Br	I	O	S	N	SF_6
电子亲和能（eV）	4.10	3.78	3.4	3.20	3.80	2.06	0.04	3.4
周期族	VII	VII	VII	VII	VI	VI	V	—

2. 红外吸收特性

根据能级跃迁理论，气体分子对入射光具有很强的选择性吸收。当分子受到含有丰富频率的红外光照射时，分子会吸收某些频率的光，并转换成分子的振动能量和转动能量。多原子分子由于更多的机械自由度，比简单分子具有更有效地吸收和发射能量，使分子的能级从基态跃迁到激发态，并使对应于吸收区域的红外照射光的光强减弱。

每一种物质都有自己的特征吸收谱，在气体吸收谱和光源发射谱重叠的部分会产生吸收，吸收后光强将会减弱，在一定条件下，其特征吸收峰值的强度和样品物质的浓度呈正比关系。因此，可以通过气体分子的红外光谱达到测定样品浓度的目的。大量的试验研究表明，SF_6 气体对 10.6μm 的红外辐射具有很强的吸收峰。SF_6 气体红外光谱透过率曲线图如图 4-1 所示。

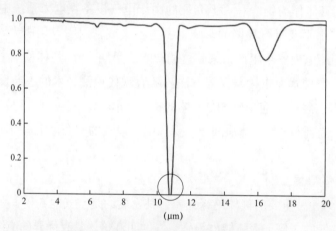

图4-1　SF_6 气体红外光谱透过率曲线图

二、SF_6 气体泄漏红外成像检测基本原理

SF_6 气体泄漏红外成像检测利用 SF_6 气体的红外吸收特性。红外探测器检测 SF_6 气体的光谱范围如图 4-2 所示，红外探测器针对极窄的光谱范围进行调整，具有极强的选择性，只能检测到可在由一个窄带滤波器界定的红外区域吸收的气体。泄漏气体出现区域的视频图像将产生对比变化，从而产生烟雾状阴影，气体浓度越大，吸收强度就越大，烟雾状阴影就越明显，从而使不可见的 SF_6 气体泄漏变为可见，进而确定其泄漏源和移动方向，使检测人员能够快速、准确地找到泄漏点。

当物体发出的红外辐射通过空气与 SF_6 气体组成的混合气体时，由于 SF_6 气体对红外辐射的吸收能力更强，通过 SF_6 气体的红外辐射和周围通过空气的红外辐射相比，明显变弱，从而产生烟雾状阴影，红外成像检测原理图如图 4-3 所示。

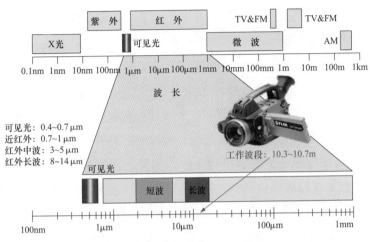

图4-2　红外探测器检测SF₆气体的光谱范围

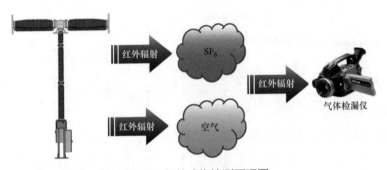

图4-3　红外成像检测原理图

三、SF₆气体泄漏红外成像检漏仪

SF₆气体泄漏红外成像检漏仪主要由光学系统、红外探测器、信号处理器、显示器部分组成，SF₆气体泄漏红外成像检漏仪结构图如图4-4所示。

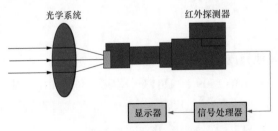

图4-4　SF₆气体泄漏红外成像检漏仪结构图

光学系统主要用于接收目标物体发出的红外辐射并将其聚焦至红外探测器上，红外探测器是SF₆气体泄漏红外成像检漏仪的核心部分，它感应透过光学系统的红外辐

射，并将其转变为电信号发送给信号处理器。由于红外线是波长介于可见光和微波的电磁波，人的肉眼觉察不到。要觉察这种辐射的存在并测量其强弱，必须把它转变为可以察觉和测量的其他物理量。信号处理器就是根据红外探测器传来信号的强弱，按照颜色或灰度等级，将其转化成红外热图像，并将红外热像显示在显示器上。

与普通的热像仪相比，SF_6 气体泄漏红外成像检漏仪专为 SF_6 气体检测设计，其探测器工作波段更窄，通常在 $10 \sim 11\mu m$ 之间，检测时更具有针对性，同时探测器多为制冷型探测器，热灵敏度更高，能够呈现更小的温差，利于 SF_6 气体的发现及成像，第一代的 SF_6 气体泄漏红外成像检漏仪，通常只能成像。随着科技的发展，现在的 SF_6 气体泄漏红外成像检漏仪不仅能够对 SF_6 气体的泄漏进行检测，还集成了测温功能，这样在进行气体泄漏检测时还可以对电力设备的热故障进行定性定量分析。

第二节 红外成像检漏现场检测与判断

一、现场检测的基本要求

1. 人员要求

（1）熟悉 SF_6 气体泄漏的基本原理、诊断程序，了解 SF_6 气体泄漏成像仪的工作原理、技术参数和性能，掌握 SF_6 气体泄漏成像仪的操作程序和使用方法。

（2）了解 SF_6 电气设备的结构特点、易泄漏部位、补气时间间隔等基本常识。

（3）熟悉红外成像检漏相关标准，接受过 SF_6 气体泄漏检测的培训，具备现场测试能力。

（4）作业人员身体状况和精神状态良好，未出现疲劳困乏或情绪异常。

（5）具有一定的现场工作经验，熟悉并严格遵守电力生产和工作现场的相关安全管理规定。

2. 安全要求

SF_6 电气设备气体泄漏成像检测的现场安全要求如下：

（1）应严格执行 Q/GDW 1799.1—2013《国家电网公司电力安全工作规程（变电部分）》的相关要求。

（2）应严格执行发电厂、变（配）电站巡视的要求。

（3）检测至少由两人进行，并严格执行保证安全的组织措施和技术措施。

（4）必要时设专人监护，监护人在检测期间应始终行使监护职责，不得擅离岗位或兼职其他工作。

（5）应确保操作人员及测试仪器与电力设备的高压部分保持足够的安全距离。

（6）应避开设备压力释放装置。

（7）测试现场出现明显异常情况时（如异音、电压波动、系统接地等），应立即停止测试工作并撤离现场。

3. 环境要求

（1）检测时环境风速不大于 5m/s。

（2）环境温度：-20～+40℃。

（3）环境相对湿度：不大于 85%。

（4）大气压力：80～110kPa。

（5）室外检测宜在晴朗天气下进行，避免雨、雪、雾、露等天气。

4. 仪器要求

（1）性能要求。

1）探测灵敏度：≤ 1μL/s；

2）热灵敏度：≤ 0.035℃；

3）探头分辨率：≥ 320×240；

4）帧频：≥ 45 帧/s；

5）数字信号分辨率：≥ 12bit。

（2）功能要求。

1）SD$_6$ 气体泄漏的检测成像；

2）泄漏点定位；

3）可见光拍摄功能，拍摄设备的可见光图片；

4）视频、图片的存储和导入导出。

二、检测方法

1. 检测准备

了解变电站 SF$_6$ 气体绝缘电气设备结构原理，查阅历史检修补气记录，收集运行工况（SF$_6$ 气体压力在线监测报警信息、SF$_6$ 气体压力趋势变化、设备缺陷、不良工况）等资料。

SF$_6$ 泄漏红外成像检测前，应准备好以下仪器及主要辅助工器具：

（1）便携式卤素检测仪：用于检测、验证 SF$_6$ 泄漏点位置。

（2）便携式防毒面具：用于针对较大 SF$_6$ 气体泄漏检测时的人员保护。

（3）绝缘梯（必要时）：设备可能泄漏位置较高处或设备存在相互遮挡处的泄漏检测。

（4）安全带（必要时）：高处泄漏检测的人员保护。

（5）仪器专用电池：红外成像检漏仪电池备用，便于现场持续检测。

（6）风速仪：用于检测现场风速。

（7）温湿度计：用于检测现场环境温湿度。

2. 常规巡检

常规巡检，适用于用红外成像检漏仪对电气设备进行大面积检漏。具体检测流程如下：

（1）检测开始前，检查 SF_6 气体检漏仪是否完好，配件是否齐备，电池电量是否充足，按键、摇杆等操作正常。

（2）记录检测环境状况，记录设备铭牌信息及设备压力状况等信息。

（3）安装电池开机，红外成像检漏仪开机时间约为 8min。

（4）选择视频模式进行检漏，按仪器的说明书进行相关参数的设置。

（5）打开镜头盖，根据设备远近调节图像焦距，调节明亮度和对比度，达到红外图像画面清晰的状态。

（6）在电气设备各部位及各连接处用 SF_6 气体检漏仪观察并缓慢移动，移动速度保持在 3～5mm/s，室外检测时尽量选择以天空为背景，室内检测时，需要合理选择背景便于发现泄漏现象。

（7）一般先远距离对所有被测设备进行全面扫描，发现有异常后，再有针对性地近距离对异常部位和重点被测设备进行精确检漏。

（8）检漏宜在风速不大于 5m/s 的环境下进行。

3. 精确检漏

精确检漏主要用于 SF_6 泄漏量微小、位置比较隐蔽、背景比较复杂区域的漏点位置的精确判断。

进行精确检漏时，应注意以下几点：

（1）精确检漏时，需要使用高灵敏度模式检漏。

（2）在安全距离保证的条件下，红外仪器宜尽量靠近被测设备，使被测设备充满整个视场。

（3）精确测量跟踪应事先设定几个不同的角度，确定可进行检漏的最佳位置，并做上标记，使以后的复测仍在该位置，有互比性，提高作业效率。

（4）改变图像色板颜色，调节红外视频颜色：白热/黑热/铁红，通过转换不同的色板模式更有利于发现气体泄漏。

（5）当发现 SF_6 气体泄漏点时，开启记录模式，存储漏点图像，包括视频信息、泄漏点红外图片和可见光图片。

（6）检测完毕后，关闭仪器电源，将仪器整理好后放入仪器箱中，出具检测报告，检测结束。

4.检测终结

工作班成员应整理原始记录，由工作负责人确认检测项目是否齐全，核对原始记录数据是否完整、齐备，并签名确认。检测工作完成后，应编制检测报告，工作负责人对其数据的完整性和结论的正确性进行审核，并及时向上级专业技术管理部门汇报检测项目、检测结果和发现的问题。

三、诊断方法

SF_6 气体泄漏红外成像检测是一种定性检测，要求 SF_6 气体设备各部位无泄漏迹象，即视频文件或图像文件中无黑色烟雾。

现场在保证足够安全距离的情况下，可以采用便携式卤素检漏仪对疑似漏点进行验证检测，如果存在 SF_6 气体泄漏，则仪器会发出持续急促的报警声，可以验证是否存在漏气现象。

四、判断依据

1.泄漏部位判断

（1）法兰密封面。法兰密封面是发生泄漏率较高的部位，一般是由密封圈的缺陷造成的，也有少量的刚投运设备是由于安装工艺或设备质量问题导致的泄漏。查找这类泄漏时应该围绕法兰一圈，检测到各个方位。

（2）压力表座密封处。由于工艺或是密封老化引起，检查表座密封部位。

（3）罐体预留孔的封堵。预留孔的封堵也是 SF_6 泄漏率较高的部位，一般是由于安装工艺造成。

（4）充气口。活动的部位，可能会由于活动造成密封缺陷。

（5）SF_6 管道。重点排查管道的焊接处、密封处、管道与断路器本体的连接部位。有些三相连通的断路器 SF_6 管道可能会有盖板遮挡，这些部位需要打开盖板进行检测，包括机构箱内有 SF_6 管道时需要打开柜门才能对内部进行检测。

（6）设备本体砂眼。一般来说砂眼导致泄漏的情况较少，当排除了上述一些部位的时候也应当考虑存在砂眼的情况。

2.泄漏主要原因

（1）密封件质量。由于老化或密封件本身质量问题导致的泄漏。

（2）绝缘子出现裂纹导致泄漏。

（3）设备安装施工质量。如螺栓预紧力不够、密封垫压偏等导致的泄漏。

（4）密封槽和密封圈不匹配。

（5）设备本身质量。如焊缝、砂眼等。

（6）设备运输过程中引起的密封损坏。

3. 参考标准

（1）Q/GDW 11062—2013《六氟化硫气体泄漏成像测试技术现场应用导则》。

（2）《国家电网公司变电检测管理规定（试行）第 13 分册　红外成像检漏细则》。

五、注意事项

1. 安全注意事项

（1）开始工作前，工作负责人应对全体工作班成员详细交代工作中的安全注意事项、带电部位。

（2）进入工作现场，全体工作人员必须正确佩戴安全帽，穿绝缘鞋。

（3）雷雨天气严禁作业。

（4）在 GIS 设备区域检漏时，应避开压力释放装置，工作人员不准在 SF_6 设备防爆膜附近停留。

（5）防止误碰二次回路，防止误碰断路器和隔离开关的传动机构。

（6）根据带电设备的电压等级，全体工作人员及测试仪器应注意保持与带电体的安全距离不应小于 Q/GDW 1799.1—2013《国家电网公司电力安全工作规程（变电部分）》中规定的距离，防止误碰带电设备。

（7）专责监护人在检测期间应始终行使监护职责，不得擅离岗位或兼职其他工作。

（8）夜间测量时，容易发生人员摔跌，检测人员晚间进入现场，应佩戴照明设备。

2. 检测注意事项

（1）检测过程中应避开视线中的封闭遮挡物，如门和盖板等。

（2）被测设备上无各种外部作业。

（3）使用时，注意不要刮伤镜头；不使用仪器时盖上镜头盖，保护好镜头。

（4）没有使用的时候，尽量避免在强烈阳光下长时间曝晒。

（5）仪器使用的时候，尽量避免强烈阳光或高温热源下直接入射镜头，以免损坏探测器。

（6）红外辐射在传输过程中由于大气中的水蒸气（H_2O）、二氧化碳（CO_2）、臭氧（O_3）、一氧化氮（NO）、甲烷（CH_4）等的吸收作用，有一定的能量衰减，检测时应尽可能在无雨无雾，空气湿度最好低于 85% 的环境条件下。

（7）为防止人员摔跌或仪器损伤，应遵循"检测勿走动，走动勿检测"原则。

（8）检测时应考虑强电磁场对红外成像检漏仪的影响，尽量避开强电磁场。

（9）仪器长时间放置时，应隔一段时间开机运行，以保持仪器性能稳定。

（10）仪器电池充电完毕，应该停止充电，如要延长充电时间，不宜超过 30min，不能对电池进行长时间充电。

（11）仪器使用完毕，要记住关闭电源，取出电池，盖好镜头盖，把仪器放在便携箱内保存。

（12）如果镜头出现脏污，可用镜头纸轻轻擦拭。不要使用水等进行清洗，也不要用手或纸巾直接擦拭。

（13）由于大气尘埃中悬浮粒子的散射作用的影响，使红外线辐射偏离了原来的传播方向而引起的。悬浮粒子的大小与红外辐射的波长 $0.76 \sim 17\mu m$ 相近，当这种粒子的半径在 $0.5 \sim 880\mu m$ 之间时，如果相近波长区域红外线在这样的空间传输，就会严重影响红外接收系统的正常工作。所以，红外泄漏检测应在少尘或空气清新的环境条件下进行。

第三节　案例分析

【例 4-1】绝缘盆子浇注口处泄漏

一、异常概况

在某 500kV 变电站进行红外检漏检测过程中发现 4 处绝缘盆子浇注口 SF_6 泄漏点，位置分别为：

（1）拳双 4R30 间隔 4R306 电流互感器 B 相与 4R3067 断路器线路侧接地开关间盆子浇注口。

（2）拳凤 4R28 间隔 4R281 正母隔离开关气室，正母隔离开关 B 相与正母 II 段之间隔离气隔绝缘盆子浇注口。

（3）拳鸣 4R29 间隔 C 相 4R2967 断路器线路侧接地开关与带电显示器端子盒之间绝缘盆子浇注口。

（4）3 号主变压器 220kV 260317 断路器母线侧接地开关 C 相与 26032 副母隔离开关 C 相之间绝缘盆子浇注口。

二、检测对象及项目

检测对象：某 500kV 变电站 220kV GIS 设备，设备信息见表 4-2。检测项目为红外检漏。

表4-2　　　　　　　　　　　　　被测设备信息

电压等级	设备型号	出厂日期
220kV	SDA524	2008 年 12 月

三、检测数据

检测数据见表 4-3。

表4-3　　　　　　　　　　　　　例4-1的检测数据

变电站	某变电站	测试日期	2015 年 6 月 1 日	天气	晴
环境温度	28℃	环境湿度	70.0%	风速	0.5m/s

泄漏位置 1：拳双 4R30 间隔 4R306 电流互感器 B 相与 4R3067 断路器线路侧接地开关间盆子浇注口

位置1泄漏点可见光照片

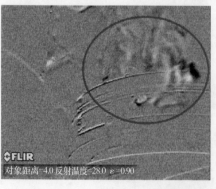

位置1泄漏点红外图谱

续表

泄漏位置 2：拳凤 4R28 间隔 4R281 正母隔离开关气室，正母隔离开关 B 相与正母 Ⅱ 段之间隔离气隔绝缘盆子浇注口

位置2泄漏点可见光照片

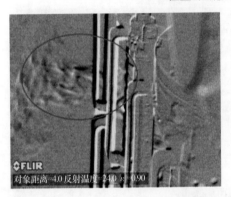

位置2泄漏点红外图谱

泄漏位置 3：拳鸣 4R29 间隔 C 相 4R2967 断路器线路侧接地开关与带电显示器端子盒之间绝缘盆子浇注口

位置3泄漏点可见光照片

续表

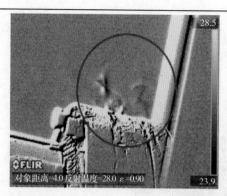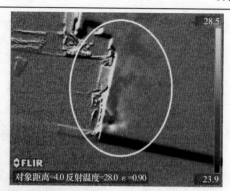

位置3泄漏点红外图谱

泄漏位置4：3号主变压器220kV 260317断路器母线侧接地开关C相与26032副母隔离开关C相之间绝缘盆子浇注口

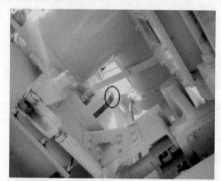

位置4泄漏点可见光照片

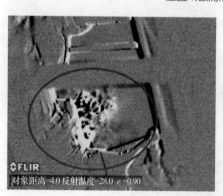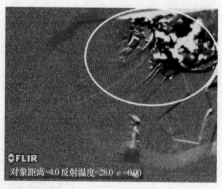

位置4泄漏点红外图谱

　　检测过程中使用红外成像检漏仪的HSM模式进行拍摄，以天空为背景保证更好的观测效果，采用不同的调色板模式对设备进行检测，在上述位置均能够看到明显的SF_6泄漏影像，说明存在SF_6气体泄漏。

四、综合分析

该设备绝缘盆子由外部金属法兰环和内部浇注绝缘盆子两部分组成。绝缘盆子处的密封主要依靠其法兰的紧固力压紧附设在绝缘盆子表面的密封圈实现，绝缘盆子结构如图4-5所示。

图4-5　绝缘盆子结构

本次检测的红外图谱显示，泄漏位置均为盆式绝缘子的浇注口，分析可能原因有如下两点：

（1）绝缘盆子处的密封圈处存在问题，可能是密封圈本身有缺陷或夹杂异物，也可能是法兰紧固力不够，使得密封圈没有压紧，造成气体泄漏，SF_6气体顺着金属法兰环与环氧树脂之间的间隙渗漏，最后在浇注口处逸出。

（2）盆子质量存在问题或者环氧树脂浇注工艺不过关，导致盆式绝缘子存在贯穿性孔洞，气体从浇注口处漏出。

五、验证情况

验证一：统计泄漏点63G2-17气室、63LG1-14气室、63LG3-15气室、63G2-17气室的压力与补气记录情况，见表4-4。

表4-4　　　　　　　　　　　　　泄漏气室压力与补气记录

泄漏气室	补气次数	最近补气时间	补气后压力	检测时压力
63G2-17气室	8次/2年	2015年3月24日	0.63MPa	0.59MPa
63LG1-14气室	9次/2年	2015年2月13日	0.61MPa	0.59MPa

续表

泄漏气室	补气次数	最近补气时间	补气后压力	检测时压力
63LG3-15 气室	3 次 /2 年	2015 年 2 月 13 日	0.61MPa	0.59MPa
63G2-17 气室	20 次 / 年	2015 年 5 月 15 日	0.63MPa	0.565MPa

验证二：现场在保证足够安全距离的情况下，采用便携式卤素检漏仪对相应泄漏点位置进行检测，仪器发出急促的"嘟嘟嘟"的报警声，从而验证这些位置确系存在泄漏现象。

六、结论及建议

（1）结论：泄漏位置 1，拳双 4R30 间隔 4R306 电流互感器 B 相与 4R3067 断路器线路侧接地开关间盆子浇注口；泄漏位置 2，拳凤 4R28 间隔 4R281 正母隔离开关气室，正母隔离开关 B 相与正母 Ⅱ 段之间隔离气隔绝缘盆子浇注口；泄漏位置 3，拳鸣 4R29 间隔 C 相 4R2967 断路器线路侧接地开关与带电显示器端子盒之间绝缘盆子浇注口；泄漏位置 4，3 号主变压器 220kV 260317 断路器母线侧接地开关 C 相与 26032 副母隔离开关 C 相之间绝缘盆子浇注口均存在泄漏，由气室压力历史记录表 4-4 和检测图谱视频信息判断，泄漏位置 4 处 SF_6 泄漏情况最为严重，泄漏位置 1、2 处 SF_6 泄漏情况较为严重。

SF_6 气体压力是 GIS 设备重要的技术参数之一，上述异常的存在会严重影响设备正常运行，可能的危害有：

1）由于泄漏点的存在，SF_6 气体压力逐渐下降，当压力低于额定值时，气室的绝缘性能受到影响，可能导致气室放电击穿，尤其在系统出现过电压等异常工况时。

2）气体泄漏现象说明设备密封面上存在缺陷，空气中的水分有可能通过该缺陷进入气室内部，使气室微水增大，进而可能在电弧作用下产生多种有害分解物，损害设备内部绝缘性能。

3）密封面上的缺陷如果不及时处理，随着时间推移该缺陷可能由于老化等作用逐渐扩大，会使得气体泄漏速度加快，进一步增大其危害性。在该变电站的本次带电检测工作中，发现盆式绝缘子浇注口处的泄漏现象 4 处，因此怀疑该型号的设备在设计或者安装上存在整体性问题，不排除家族性缺陷的可能，可能原因为盆式绝缘子处密封圈设计选型不当或安装方式不当，或者是绝缘浇注工艺或材料缺陷。

（2）建议：

1）加强对漏气气室密度继电器压力值跟踪，密切监视气室微水、分解物试验结果。

2）如果气室压力下降，需及时对漏气间隔进行补气，并在补气工作完成后对气室微水进行测试，保证设备运行安全。

3）尽快结合停电，详细检查具体漏气原因，及时对漏气点进行消缺处理。

4）对设计和选型进行复核校验，结合停电确认泄漏原因，如果确实存在整体性或家族性缺陷，尽快对这类缺陷集中消除。

【例4-2】操作连杆轴封处泄漏

一、异常概况

在某500kV变电站进行红外检漏检测过程中发现连杆轴封位置存在2处SF_6泄漏，泄漏点位置分别为：

（1）220kV备用间隔（1号主变压器220kV备用间隔）04DS1正母隔离开关连杆B相轴封。

（2）220kV备用间隔（红星一线间隔）09DS2副母隔离开关连杆B相轴封。

二、检测对象及项目

检测对象：某500kV变电站220kV GIS设备，设备信息见表4-5。检测项目为红外检漏。

表4-5　　　　　　　　　　　　　　被测设备信息

电压等级	设备型号	出厂日期
220kV	SDA524	2008年12月

三、检测数据

检测数据见表4-6。

表4-6　　　　　　　　　　　　　例4-2的检测数据

变电站	某变电站	测试日期	2015年6月1日	天气	晴
环境温度	28℃	环境湿度	70.0%	风速	1m/s

泄漏位置1：220kV备用间隔（1号主变压器220kV备用间隔）04DS1正母隔离开关连杆B相轴封处

位置1泄漏点可见光照片

续表

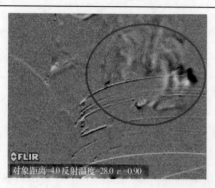 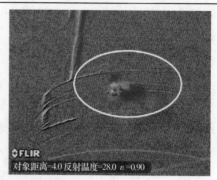

位置1泄漏点红外图谱

泄漏位置 2：220kV 备用间隔（红星一线间隔）09DS2 副母隔离开关连杆 B 相轴封处

位置2泄漏点可见光照片

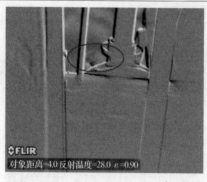 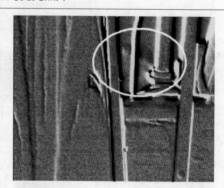

位置2泄漏点红外图谱

检测过程中使用红外成像检漏仪的 HSM 模式进行拍摄，以天空为背景保证更好的观测效果，采用不同的调色板模式对设备进行检测，在上述位置 1、2 轴封处均能够看到明显的 SF_6 泄漏影像，可判断这些位置处存在气体泄漏。

四、综合分析

1. 泄漏位置 1 情况分析

2015 年 3 月，巡视中发现泄漏位置 1 所处气室由于可能存在泄漏引起压力下降至 0.58MPa。为保证设备安全，2015 年 3 月 31 日安排对该气室进行了补气工作，现场记录显示补气后压力为 0.61MPa。2015 年 6 月 1 日现场检测时记录气室压力值为 0.60MPa，较补气后最初压力有所下降。

2. 泄漏位置 2 情况分析

由于在巡视中发现泄漏位置 2 所处气室压力降低，为保证设备安全，2015 年 2 月 13 日安排对该气室进行补气工作，现场记录显示补气后压力为 0.62MPa。

2015 年 6 月 1 日现场检测时记录气室压力值为 0.60MPa，较补气后最初压力有所下降。

3. 可能原因分析

隔离开关连杆的轴封与连杆紧密接触，以保证连杆在运动过程中的气密性。红外图谱显示，泄漏位置为连杆轴封，分析可能原因如下两点：

（1）由于连杆为转动部件，轴封在连杆运动时受摩擦，尺寸配合不佳可能造成密封磨损情况，造成泄漏，其连杆结构图如图 4-6 所示。

图4-6　连杆结构图

（2）设备装配不到位，如法兰面螺栓未紧固或者紧固不均匀，会导致密封面不平整或接触面之间存在应力，也会造成轴封长时间受力导致破损泄漏。

五、验证情况

验证一：泄漏位置 1 所处气室于 2015 年 3 月 31 日进行补气工作，补气后压力为 0.61MPa，2015 年 6 月 1 日现场检测时气室压力值为 0.60MPa，压力已经有所下降，说明该气室存在漏气。泄漏位置 2 处气室于 2015 年 2 月 13 日进行补气工作，补气后压力为 0.62MPa，2015 年 6 月 1 日现场检测时气室压力值为 0.60MPa，压力已经有所下降，说明该气室存在漏气。

验证二：现场在保证足够安全距离的情况下，采用便携式卤素检漏仪对上述漏点 1、2 处进行检测，仪器均发出急促的"嘟嘟嘟"的报警声，从而验证漏点 1、2 处确系存在泄漏现象。

六、结论及建议

（1）结论：泄漏位置 1，220kV 备用间隔（1 号主变压器 220kV 备用间隔）04DS1 正母隔离开关连杆 B 相轴封处；泄漏位置 2，220kV 备用间隔（红星一线间隔）09DS2 副母隔离开关连杆 B 相轴封处。

SF_6 气体压力是 GIS 设备重要的技术参数之一，上述异常的存在会严重影响设备正常运行，可能的危害有：

1）由于泄漏点的存在，SF_6 气体压力逐渐下降，当压力低于额定值时，气室的绝缘性能受到影响，可能导致气室放电击穿，尤其在系统出现过电压等异常工况时。

2）气体泄漏现象说明设备密封面上存在缺陷，空气中的水分有可能通过该缺陷进入气室内部，使气室微水增大，进而可能在电弧作用下产生多种有害分解物，损害设备内部绝缘性能。

3）密封面上的缺陷如果不及时处理，随着时间推移该缺陷可能由于老化等作用逐渐扩大，会使得气体泄漏速度加快，进一步增大其危害性。

（2）建议：

1）加强对漏气气室密度继电器压力值跟踪，密切监视气室微水、分解物试验结果。

2）如果气室压力下降，需及时对漏气间隔进行补气，并在补气工作完成后对气室微水进行测试，保证设备运行安全。

3）结合停电，详细检查具体漏气原因，及时对漏气点进行消缺处理。

【例 4-3】GIS 筒壁砂眼泄漏

一、异常概况

2015 年 8 月 1 日，检测人员对某 500kV 变电站开展 GIS 带电检测工作，在进行红外检漏过程中发现 220kV Ⅰ-Ⅱ母母联 2122 气室 C 相 21240 接地开关 GIS 筒壁处存在 SF$_6$ 泄漏点。

二、检测对象及项目

检测对象：某 500kV 变电站 220kV GIS 设备，设备信息见表 4-7。检测项目为红外检漏。

表4-7　　　　　　　　　　　　　　被测设备信息

电压等级	设备型号	出厂日期
220kV	LWG9-252	2008 年 11 月

三、检测数据

检测数据见表 4-8。

表4-8　　　　　　　　　　　　　例4-3的检测数据

变电站	某变电站	测试日期	2015 年 8 月 1 日	天气	晴
环境温度	35.2℃	环境湿度	51.0%	风速	0.4m/s
泄漏点描述：220kV Ⅰ-Ⅱ母母联 2122 气室 C 相 21240 接地开关 GIS 筒壁					

泄漏点位置可见光照片

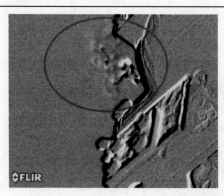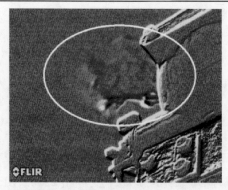

泄漏点位置红外图谱

检测过程中使用红外成像检漏仪的 HSM 模式，选择不同角度对设备进行拍摄，采用不同的调色板模式对设备进行检测，在该位置的 GIS 筒壁上观察到了明显的 SF_6 泄漏现象，通过仔细观察泄漏来源，确定泄漏位置为 GIS 筒壁上的一处砂眼。

四、综合分析

泄漏位置所在气室为Ⅰ－Ⅱ母母联 2122 气室，由于在巡视中发现气室压力下降到 0.38MPa，为了保证设备安全，在 2015 年 5 月 27 日安排对该气室进行补气工作，工作记录显示补气后压力为 0.43MPa。2015 年 8 月 1 日现场检测时记录气室压力值为 0.42MPa，相较补气后压力略有下降，根据压力值进行估算，年漏气率达到约 12%，超过 Q/GDW 1168—2013《输变电设备状态检修试验规程》规定的注意值。

从拍摄的红外图谱和红外视频中可以看出，泄漏位置为 GIS 筒壁上的砂眼，造成泄漏的可能原因为，GIS 筒在浇注过程中工艺控制不过关，导致筒壁上存在砂眼，且在出厂时未被检测到。

五、验证情况

验证一：Ⅰ－Ⅱ母母联 2122 气室曾经因为气室压力下降而在 2015 年 5 月 27 日安排补气工作，且补气后气室压力仍然存在下降趋势，说明该气室存在泄漏现象。

验证二：现场在保证足够安全距离的情况下，采用便携式卤素检漏仪对该漏点进行检测，仪器发出急促的"嘟嘟嘟"的报警声，从而验证该处确系存在泄漏现象。

六、结论及建议

（1）220kV Ⅰ－Ⅱ母母联 2122 气室 C 相 21240 接地开关 GIS 筒壁存在砂眼，造成 SF_6 泄漏。SF_6 气体压力是 GIS 设备重要的技术参数之一，上述 GIS 筒壁砂眼的存在会严重影响设备正常运行。

（2）建议：

1）加强对漏气气室密度继电器压力值跟踪，密切监视气室微水、分解物试验结果。

2）如果气室压力下降，需及时对漏气间隔进行补气，并在补气工作完成后对气室微水进行测试，保证设备运行安全。

3）结合停电，及时对漏气点进行消缺处理。

【例 4-4】法兰密封面处泄漏

一、异常概况

检测人员在某 500kV 变电站开展红外检漏检测过程中发现 SF_6 泄漏现象，泄漏位置分别为：

（1）220kV 副母Ⅱ段 20417 母线接地开关连杆 C 相侧面板法兰密封面。

（2）220kV 正母分段间隔 262127 断路器Ⅱ母接地开关 C 相拐臂法兰密封面。

（3）2 号主变压器 220kV 2602 断路器间隔 2602617 主变压器接地开关 B 相拐臂法兰密封面。

二、检测对象及项目

检测对象：某 500kV 变电站 220kV GIS 设备，设备信息见表 4-9。检测项目为红外检漏。

表4-9　　　　　　　　　　　　　　被测设备信息

电压等级	设备型号	出厂日期
220kV	SDA524	2008 年 12 月

三、检测数据

检测数据见表 4-10。

表4-10   例4-4的检测数据

变电站	某变电站	测试日期	2015 年 6 月 1 日	天气	晴
环境温度	28℃	环境湿度	70.0%	风速	1m/s

泄漏位置 1：220kV 副母 Ⅱ 段 20417 母线接地开关连杆 C 相侧面板法兰密封面

位置1泄漏点可见光照片

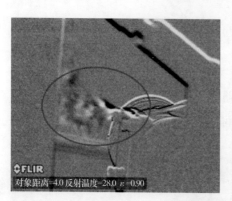 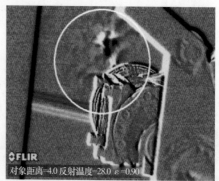

位置1泄漏点红外图谱

泄漏位置 2：220kV 正母分段间隔 262127 断路器 Ⅱ 母接地开关 C 相拐臂法兰密封面

位置2泄漏点可见光照片

续表

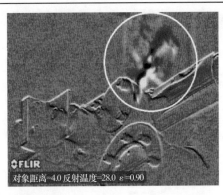

位置2泄漏点红外图谱

泄漏位置3：2号主变压器220kV 2602断路器间隔2602617主变压器接地开关B相拐臂法兰密封面

位置3泄漏点可见光照片

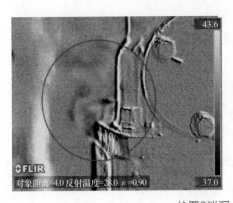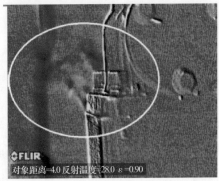

位置3泄漏点红外图谱

检测过程中使用红外成像检漏仪的 HSM 模式进行拍摄，以天空为背景保证更好的观测效果，采用不同的调色板模式对设备进行检测，在上述位置均能够看到明显的 SF_6 泄漏影像，说明存在 SF_6 气体泄漏。

四、综合分析

1. 泄漏位置 1 情况分析

63LG1–21 气室压力值历史记录趋势图如图 4-7 所示。

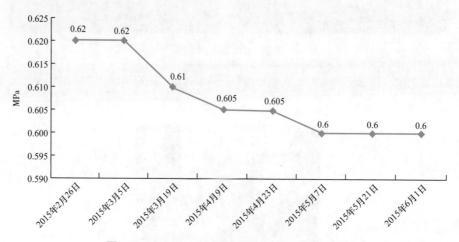

图4-7   63LG1–21气室压力值历史记录趋势图

由图 4-7 可以看出，63LG1–21 气室压力随时间推移呈现下降趋势，从 0.62MPa 逐渐下降到 0.60MPa，2015 年 6 月 1 日现场检测时记录气室压力值为 0.60MPa。

2. 泄漏位置 2 情况分析

由于在巡视中多次发现位置 2 气室压力下降，为保证设备安全，该位置气室两年内补气 4 次，最近一次补气时间为 2015 年 2 月 13 日，现场记录显示补气后压力为 0.62MPa，2015 年 6 月 1 日现场检测时记录气室压力为 0.62MPa。

3. 泄漏位置 3 情况分析

2015 年 1 月由于巡视中发现位置 3 气室压力下降至 0.60MPa，为保证设备安全，2015 年 1 月 12 日安排对该位置气室进行补气工作，现场记录显示补气后压力为 0.63MPa，2015 年 6 月 1 日现场检测时记录气室压力为 0.62MPa，相比补气后有所下降。

4. 可能原因分析

本次检测的红外图谱显示，泄漏位置为法兰密封面处，分析可能原因有如下几点：

（1）法兰面螺栓未紧固或者紧固不均匀，造成密封面不平整引起泄漏。

（2）法兰面密封圈老化，造成气密性下降导致泄漏。

（3）法兰密封面在装配时有未清理干净的杂物，造成密封不良。

五、验证情况

验证一：泄漏位置 1 气室压力呈现下降趋势；泄漏位置 2 气室压力巡视记录显示多次下降，并有多次补气记录；泄漏位置 3 处现场检测时气室压力相比补气后气室压力有所下降。均可说明泄漏位置 1、2、3 处气室存在泄漏现象。

验证二：现场在保证足够安全距离的情况下，采用便携式卤素检漏仪对泄漏位置 1、2、3 处进行检测，仪器发出急促的"嘟嘟嘟"的报警声，从而验证泄漏位置 1、2、3 处确系存在泄漏现象。

六、结论及建议

（1）结论：泄漏位置 1，220kV 副母 Ⅱ 段 20417 母线接地开关连杆 C 相侧面板法兰密封面；泄漏位置 2，220kV 正母分段间隔 262127 断路器 Ⅱ 母接地开关 C 相拐臂法兰密封面；泄漏位置 3，2 号主变压器 220kV 2602 断路器间隔 2602617 主变压器接地开关 B 相拐臂法兰密封面。

SF_6 气体压力是 GIS 设备重要的技术参数之一，上述异常的存在会严重影响设备正常运行，可能的危害有：

1）由于泄漏点的存在，SF_6 气体压力逐渐下降，当压力低于额定值时，气室的绝缘性能受到影响，可能导致气室放电击穿，尤其在系统出现过电压等异常工况时。

2）气体泄漏现象说明设备密封面上存在缺陷，空气中的水分有可能通过该缺陷进入气室内部，使气室微水增大，进而可能在电弧作用下产生多种有害分解物，损害设备内部绝缘性能。

3）密封面上的缺陷如果不及时处理，随着时间推移该缺陷可能由于老化等作用逐渐扩大，会使得气体泄漏速度加快，进一步增大其危害性。

（2）建议：

1）加强对漏气气室密度继电器压力值跟踪，密切监视气室微水、分解物试验结果。

2）如果气室压力下降，需及时对漏气间隔进行补气，并在补气工作完成后对气室微水进行测试，保证设备运行安全。

3）结合停电，详细检查具体漏气原因，及时对漏气点进行消缺处理。

【例4-5】气室与密度继电器连接密封面螺丝处泄漏

一、异常概况

2015 年 8 月 28 日，检测人员在某 500kV 变电站开展红外检漏过程中发现 2 处 SF_6 泄漏点，漏点位置分别为：

（1）220kV Ⅰ母 4 号气室密度继电器处；

（2）220kV 遂石二线 268 断路器 A 相气室与密度继电器连接密封面螺丝处。

二、检测对象及项目

检测对象：某 500kV 变电站 220kV GIS 设备，设备信息见表 4-11。检测项目为红外检漏。

表4-11　　　　　　　　　　　　被测设备信息

电压等级	设备型号	出厂日期
220kV	ZF6A-252/Y	2010 年 5 月

三、检测数据

检测数据见表 4-12。

表4-12　　　　　　　　　　　　例4-5的检测数据

变电站	某变电站	测试日期	2015 年 8 月 28 日	天气	晴
环境温度	30.5℃	环境湿度	66.6%	风速	0.3m/s

泄漏位置 1：220kV Ⅰ母 4 号气室密度继电器处

泄漏位置1可见光照片

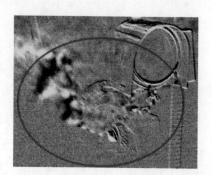

泄漏位置1红外图谱

续表

泄漏位置 2：220kV 遂石二线 268 断路器 A 相气室与密度继电器连接密封面螺丝处

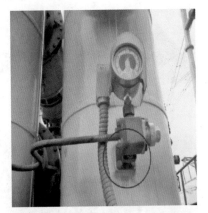

泄漏位置2可见光照片

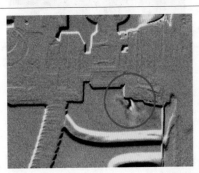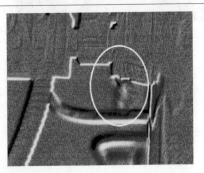

泄漏位置2红外图谱

检测过程中使用红外成像检漏仪的 HSM 模式，选择不同角度对设备进行拍摄，在密度继电器表头处能够看到明显的 SF_6 泄漏影像，且泄漏现象较为严重。

四、综合分析

1. 泄漏位置 1 分析情况

检测人员在现场密度继电器对密度继电器进行检查，发现表头部分松动（图 4-8 中红框部分）可轻易左右旋转。进一步检查发现，用于连接密度继电器表头与气体管路的螺母松动，没有紧固（图 4-9 中红框所示）。

根据检查结果，判断泄漏的可能原因为：

（1）密度继电器在安装过程中存在问题，密度继电器表头与气体管路连接位置的螺母没有紧固，导致表头松动，表头与管路之间气密失效，造成气体泄漏。

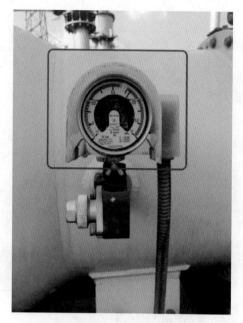

图4-8　密度继电器表头松动部分

图4-9　密度继电器螺母松动

（2）密度继电器本身质量存在问题，导致各部件之间无法安装紧固，存在泄漏隐患。

2.泄漏位置2分析情况

2015年8月28日现场检测时，220kV遂石二线268断路器气室压力为0.47MPa，明显低于断路器气室典型压力0.53MPa，查阅压力历史记录，2015年4月7日气室压力0.49MPa，7月21日气室压力0.48MPa，存在较明显的下降趋势，根据压力值进行估算，年漏气率达到约7%，超过Q/GDW 1168—2013规定的注意值。

3.可能原因分析

本次检测的红外图谱显示，泄漏位置为连接密封面的螺丝位置，分析可能原因有如下几点：

（1）密封面螺栓未紧固或者紧固不均匀，造成密封面不平整引起泄漏。

（2）连接面上的密封圈老化，造成气密性下降导致泄漏。

（3）连接密封面在装配时有未清理干净的杂物，造成密封不良。

五、验证情况

验证一：现场在保证足够安全距离的情况下，采用便携式卤素检漏仪对位置1、2两处漏点进行检测，仪器发出急促的"嘟嘟嘟"的报警声，从而验证该处确系存在泄漏现象。

验证二：对于位置 2，220kV 遂石二线 268 断路器气室压力明显偏低且存在下降趋势，说明存在泄漏，2015 年 4 月 7 日气室压力 0.49MPa，7 月 21 日气室压力 0.48MPa，2015 年 8 月 28 日气室压力 0.47MPa。

六、结论及建议

（1）结论：220kV Ⅰ 母 4 号气室密度继电器，220kV 遂石二线 268 断路器 A 相气室与密度继电器连接密封面上的螺丝位置存在泄漏。SF_6 气体作为 GIS 设备的绝缘介质，它的泄漏现象可能严重影响设备正常运行。

（2）建议：

1）安排详细检查和检修，及时对漏气点进行消缺处理，如果气室压力发生明显下降，需立即处理。建议更换新的密度继电器并严格按要求进行安装。

2）在缺陷消除确保不发生泄漏的情况下，对气室开展 SF_6 微水和分解物试验（因为取气阀门位于密度继电器位置，缺陷排除之前进行试验操作可能再次发生泄漏，所以需在处理完成后开展试验）。

第五章
紫外成像检测技术

第一节 紫外成像检测技术基本原理

一、紫外线基础知识

紫外线是电磁波谱中波长为100~400nm辐射的总称，是位于日光高能区的不可见光，电磁波分类图如图5-1所示。依据紫外线自身波长的不同，将紫外线分为三个区域，即短波紫外线（100~280nm）、中波紫外线（280~315nm）和长波紫外线（315~400nm）。

当设备产生放电时，空气中的氮气电离，产生臭氧和微量的硝酸，同时辐射出的光波、声波，还有紫外线等。光谱分析表明，电晕、电弧放电都会产生不同波长的紫外线，波长范围在230~405nm。在此光谱范围中，太阳传输来的紫外光分量在240~280nm的光谱段极低，称此光谱段为太阳盲区。

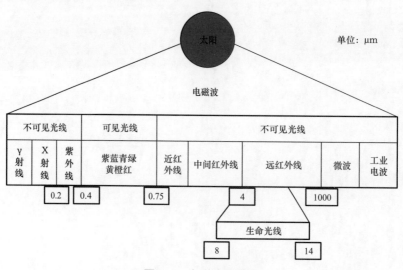

图5-1　电磁波分类图

二、设备局部放电及紫外检测机理

1. 局部放电

当变电设备的绝缘体存在微小间隙、裂痕或其他缺陷时，受电场的影响，会加速游离而产生部分放电现象。由于在两电极间并未构成桥式完整连续性放电，而仅在电极间的一部分形成微小放电，故称为部分（局部）放电。由于局部放电现象会在微小的空间内产生热量及能量损失，导致绝缘材料劣化，长时间会导致绝缘破坏，造成设备故障，从而影响供电品质，局部放电通常伴随声、光、热、化学反应，可通过仪器测量这些现象来对局部放电做出判断。

在导体曲率半径小的地方，特别是尖端，其电荷密度很大。在紧邻带电表面处，电场强度与电荷密度成正比，故在导体尖端处场强很强，在空气周围导体电势升高时，这些尖端处能产生电晕放电现象。通常将空气视为非导体，但是空气中含有少数由宇宙线照射而产生的离子，带正电的导体会吸引周围空气中的负离子而自行徐徐中和，若带电导体存在尖端，该处附近空气中的电场强度很高，当离子被吸向导体时将获得很大的加速度，这些离子与空气碰撞时，将会产生大量的放电离子。

2. 紫外检测原理

在发生外绝缘局部放电的过程中，周围气体被击穿而电离，气体电离后的放射光波的频率与气体的种类有关，空气中的主要成分是氮气（N_2），氮气在局部放电的作用下电离，电离的氮原子在复合时发射的光谱（波长 $\lambda=280 \sim 400nm$）主要落在紫外光波段。利用特殊仪器接收放电产生的太阳日盲区内的紫外信号，经处理成像并与可见光图谱叠加，达到确定电晕位置和强度的目的，这就是紫外成像技术的基本原理。

因为电晕放电会放射出波长范围在 $230 \sim 405nm$ 内的紫外线，而紫外光滤波器的工作范围为 $240 \sim 280nm$，由于电晕信号只包括很少的光子，这个比较窄的波长范围产生的影像信号比较微弱，影像放大器的工作是将微弱的影像信号变成可视的高清晰影像。

利用紫外线束分离器，紫外成像检测仪将输入的影像分离成两部分。第一部分影像经过盲光过滤太阳光线后被传送到一个影像放大器上，影像放大器将紫外光影像发送到一个装有 CCD 装置的照相机内；同时，被探测目标的第二部分影像被成像物镜发送到第二台 CCD 照相机内。通过特殊的影像处理工艺将两个影像叠加，最后生成显示电气设备及其电晕的图像。紫外检测工作原理如图 5-2 所示。

3. 影响检测结果的主要原因

（1）大气湿度和大气气压：大气湿度和大气气压对电气设备的电晕放电有影响，现场只需记录大气环境条件，但不做校正。

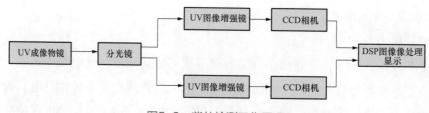

图5-2　紫外检测工作原理

（2）检测距离：紫外光检测电晕放电量结果与检测距离呈指数衰减关系，在实际测量中根据现场需要进行校正。

电晕放电量与紫外光检测距离校正公式如式（5-1）所示。

按5.5m标准距离检测，换算公式为

$$y_1=0.033x^2_2y_2\exp（0.4125-0.075x_2）\tag{5-1}$$

4. 紫外成像检测内容

（1）电晕放电强度（光子数，适用数字式紫外成像仪）。紫外成像仪检测的单位时间内光子数与电气设备电晕放电量具有一致的变化趋势和统计规律，随着电晕放电强烈，单位时间内的光子数增加并出现饱和现象，若出现饱和则要降低其增益后再检测。

（2）电晕放电形态和频度。电气设备电晕放电从连续稳定形态向刷状放电过渡，刷状放电呈间歇性爆发形态。

（3）电晕放电长度范围。紫外成像仪在最大增益下观测到短接绝缘子干弧距离的电晕放电长度。

三、紫外成像仪组成及基本原理

1. 紫外成像仪工作原理

目前紫外仪产品主要有两种：一种是直接检测放电产生的紫外光谱，在室内或者晚间没有太阳光的干扰下此种设备效果显著，但在白天有太阳光干扰时，效果不理想；另一种是采用含特殊滤波技术的检测仪器，针对太阳盲区波段240～280nm进行感测，使电晕放电检测工作不受太阳辐射干扰。此外，双频谱摄像机器使用阳光盲带UV滤波器技术同时侦测电晕影像及周围环境视觉影像，可应用于侦测及定位高压电力设备的电晕。其中，视觉通道用于定位电晕，紫外线通道用于侦测电晕。

紫外成像检测系统主要包括：紫外成像物镜、紫外光滤光镜、紫外像增强系统、CCD、图像显示等。

紫外成像仪工作原理如图5-3所示。紫外信号被背景光（包括可见光、紫外光和红外光等）照射，信号源自身辐射的紫外光以及信号源反射的背景光混杂在一起，从信号源传输到成像镜头。成像光束经过紫外成像镜头后，一部分背景光被滤除，另一部分背景光仍然存在。其后，光束通过日盲滤光片照到紫外像增强器的光电阴极上，经过紫外增强器后，信号被增强放大并转化为可见光信号输出。然后，成像光束通过CCD相机，经信号处理器输出到观察记录设备。

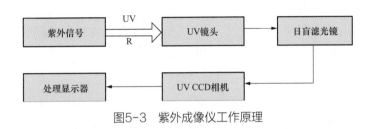

图5-3 紫外成像仪工作原理

2. 紫外成像仪组成部分

（1）紫外镜头。由紫外成像仪工作原理知，从信号源传输到成像镜头的除了信号源自身的紫外辐射，还有被信号源反射的背景光。选用紫外光成像镜头能减少背景噪声，从而检测出信号源自身辐射的紫外光图像。紫外镜头的透镜采用在 $0.2 \sim 0.4 \mu m$ 的光谱范围内的合适材料，如尚矽石和氟化钙。目前，虽然开发了几种玻璃来降低 $0.4 \mu m$ 以下的吸收，但其施工仍受限。

（2）紫外光谱滤光技术。先用宽带紫外光滤光片滤除背景光中的可见光和红外光。再选用"日盲"紫外窄带滤光片滤除背景光中日盲波段外的紫外光，从而得到信号源自身辐射的紫外光图像。实际应用中，在检测紫外信号的同时，为检测背景图像，采用"双光谱成像技术"，使紫外光和背景光分路成像，经增强后，做适时融合处理。使得在保证紫外信号质量的同时，又保留了背景图像的信息。

（3）紫外光增强技术。在紫外成像检测系统中，若直接用对 UV 灵敏的 CCD 探测紫外信号，由于紫外辐射一般比较微弱、强度太小，而探测不到。为解决这个问题，先对紫外信号进行增强放大，然后再进行探测，紫外像增强器可以实现紫外光信号的增强放大。

利用光谱转换技术加微光像增强器同样可实现增强紫外光的目的。由于光谱转换技术及微光像增强器的制造技术都已比较成熟，所以实现起来比较容易，过程也比较简单。两种途径各有优缺，前者的优点是分辨率高，但后者实现起来比较简单。

（4）光谱转换技术。现有的光谱转换技术有两种：通过光电阴极进行光谱转换；用转换屏实现光谱转换。前者要研制合适的光电阴极；而后者须研制适当的转换屏。

在紫外成像检测系统中，光谱转换可通过紫外光电阴极或紫外光转换屏来实现。若系统采用光谱转化加微光像增强器结构，则用转换屏比较好。

紫外光作用于转换屏的入射面，经转换屏转化后，出来的光为我们所需的可见光。对于紫外成像检测技术来说，最主要的是它的分辨率和光谱转换效率。其次，光谱特性、余辉时间、稳定性和寿命也很重要。

分辨率是它分辨图像细节的能力。影响它的因素有发光粉层的厚度、粉的颗粒度、与基地表面的接触状态、屏表面结构的均匀性等。在既要保证足够的光谱转换效率的同时又要保证高的分辨率的情况下，选择最佳的粉层厚度是很重要的。

（5）CCD（charge-coupled device），中文名称电荷耦合元件，是一种半导体器件，其作用类似胶片，但它是把光信号转换成电荷信号，可以称为 CCD 图像传感器。CCD 上植入的微小光敏物质称作像素（pixel），一块 CCD 上包含的像素越多，其提供的画面分辨率越高。CCD 上有许多排列整齐的光电二极管，能感应光线，并将光信号转变成电信号，经外部采样放大及模数转换电路转换成数字图像信号。

第二节　紫外成像现场检测与判断

一、现场检测的基本要求

1.人员要求

应用紫外成像仪对带电设备电晕放电检测是一项带电检测技术，从事检测的人员应具备如下条件：

（1）了解紫外成像仪的基本工作原理、技术参数和性能，掌握仪器的操作程序和测试方法。

（2）通过紫外成像检测技术的培训，熟悉应用紫外成像仪对带电设备电晕检测的基本技术要求。

（3）了解被测设备的结构特点、外部接线、运行状况和导致设备缺陷的基本因素。

（4）作业人员身体状况和精神状态良好，未出现疲劳困乏或情绪异常。

（5）具有一定的现场工作经验，熟悉并严格遵守电力生产和工作现场的相关安全管理规定。

2.安全要求

（1）应严格执行 Q/GDW 1799.1—2013《国家电网公司电力安全工作规程（变电部分）》的相关要求。

（2）应严格执行发电厂、变（配）电站巡视的要求。

（3）检测至少由两人进行，并严格执行保证安全的组织措施和技术措施。

（4）必要时设专人监护，监护人在检测期间应始终行使监护职责，不得擅离岗位或兼职其他工作。

（5）应确保操作人员及测试仪器与电力设备的高压部分保持足够的安全距离。

3. 环境要求

（1）环境温度一般不低于5℃，相对湿度一般不大于85%。

（2）被检设备是带电设备，应尽量避开影响检测的遮挡物。

（3）不应在雷电和中（大）雨的情况下进行检测。

（4）风速宜不大于5m/s。

4. 仪器要求

（1）性能要求。

1）紫外成像仪应操作简单，携带方便，图像清晰、稳定；

2）具备中文操作界面，用按键控制；

3）在移动巡检时，不出现拖尾现象；

4）能对设备进行准确检测且不受环境中电磁场的干扰；

5）能避免太阳光中紫外线的干扰；

6）在日光下也能观测电晕。

（2）功能要求。

1）采用紫外光图像与可见光图像叠加，能实时显示设备电晕放电状态和在一定区域内紫外线光子的数值；

2）具有光子计数功能；

3）具有较高的分辨率和动、静态图像存储功能。

二、检测方法

1. 检测准备

（1）对现场设备紫外成像检测历史数据进行收集，包括紫外图谱、缺陷记录等。

（2）准备温湿度传感器，记录现场检测实时温湿度。

（3）准备风速仪，记录现场风速。

（4）正确佩戴好紫外成像仪并开机。

（5）通过调整增益、焦距、检测方法等方式，使紫外成像仪的有关功能达到最佳检测效果。

2. 常规巡检

（1）紫外成像仪开机，增益设置为最大，根据光子数的饱和情况，逐渐调整增益，在图像稳定后即可开始检测。

（2）调节焦距，直至图像清晰度最佳。

（3）一般先对所有被测设备进行全面扫描，发现电晕放电部位，然后对异常放电部位进行准确检测。

3. 准确检测

紫外成像仪观测电晕放电部位应在同一方向或同一视场内，并选择检测的最佳位置，以避免其他设备放电的干扰。

在安全距离允许的范围内，在图像内容完整的情况下，紫外成像仪宜尽量靠近被检设备，使被测设备电晕放电部位在视场范围内最大化，记录紫外成像仪与电晕放电部位距离。

在一定时间内，紫外成像仪检测电晕放电强度以多个相差不大的极大值的平均值为准，并同时记录电晕放电形态、具有代表性的动态视频过程以及绝缘体表面电晕放电长度范围。

对于导电体表面电晕异常放电检测，应检测单位时间内多个相差不大的光子数极大值的平均值以及观测电源放电形态和频度；对于绝缘体表面电晕异常放电检测，应检测单位时间内多个相差不大的光子数极大值的平均值、观测电晕放电形态和频度以及观测电晕放电长度范围。

4. 检测终结

工作班成员应整理原始记录，由工作负责人确认检测项目是否齐全，核对原始记录数据是否完整、齐备，并签名确认。检测工作完成后，应编制检测报告，工作负责人对其数据的完整性和结论的正确性进行审核，并及时向上级专业技术管理部门汇报检测项目、检测结果和发现的问题。

三、诊断方法

1. 图像观察法

图像观察法主要根据电气设备放电发生部位和放电严重程度进行综合判断，常见放电缺陷紫外图谱如下：

（1）外绝缘表面污秽引起的放电。此类缺陷较为常见，通常因为绝缘表面积污比较严重，遇到大雾、小雨或积雪等潮湿天气条件，容易形成表面放电。若表面爬电超过绝缘长度1/3，通常需要停电处理。

（2）外瓷绝缘局部缺陷引起的表面放电。此类缺陷通常由于瓷绝缘存在裂纹、破损或断裂等情况，导致局部电场强度发生变化，产生局部放电，缺陷部位通常发生在瓷套与法兰结合处，此处应力比较集中。根据放电大小综合判断缺陷严重程度，这类放电就需要非常关注，有条件的情况下尽快进行处理或更换。

（3）复合绝缘局部缺陷引起的表面放电。这类绝缘子出现电晕的情况比较少见，并且放电强度较弱，不容易检测到。常见的原因是复合绝缘出现破损，或内部导电回路存在缺陷，内部放电部位击穿外复合绝缘。此类缺陷易导致设备内部受潮或形成贯穿性设备故障，应及时停电处理。

（4）均压环由于结构、安装工艺、表面缺陷等原因导致的局部放电。均压环异常放电对日常设备的运行不会造成太大的影响，均压环如果出现对绝缘子伞裙放电，造成部分绝缘子短路，就需要处理，因为这将严重降低整串绝缘子串的绝缘性能。

（5）变电设备导电部位存在尖端、毛刺、松动等原因导致的局部放电。此类缺陷通常不影响设备运行，可结合停电进行处理，采取均压措施或对表面进行处理。

（6）输电设备导线及其金具局部放电。导线的放电有四种原因，即污染、毛刺、断股或散股。在日常检测中如果检测到导线放电，就需要首先判断是否由于污染，可以通过高倍望远镜进行外表面观察或者在雨后进行复测，这样就基本可以排除污染导致的放电。毛刺和断股、散股导致的放电现象类似，断股、散股导致的放电部位同时伴随有温升，而毛刺导致的放电不会伴随温升。

2.同类比较法

通过同类型电气设备对应部位电晕放电的紫外图像或紫外计数进行横向比较，对电气设备电晕放电状态进行评估。

四、判断依据

对缺陷的判断不仅要了解检测结果，还要了解设备外绝缘的结构、当时的气候条件及未来天气变化情况、周边气候环境，再给出处理意见与措施。依据 DL/T 345—2019《带电设备紫外诊断技术应用导则》，根据电晕放电缺陷对电气设备或运行的影响程度，一般可以分成三类。

（1）一般缺陷：指设备存在的电晕放电异常，对设备产生老化影响，但还不会引起故障，一般要求记录在案，注意观察其缺陷的发展。

（2）严重缺陷：指设备存在的电晕放电异常突出，或导致设备加速老化，但不会马上引起故障。应缩短检测周期并利用停电检修机会，有计划安排检修，消除缺陷。

（3）危急缺陷：指设备存在的电晕放电严重，可能导致设备迅速老化或影响设备正常运行，在短期内可能造成设备故障，应尽快安排停电处理。

紫外线检测诊断标准见表5-1。

表5-1　　紫外线检测诊断标准

放电部位	放电形态、局部放电量	缺陷性质
外绝缘表面	局部放电量不超过 5000 光子 /s，放电距离不超过外绝缘 1/3 部位	一般缺陷
	局部放电量超过 5000 光子 /s，或放电距离不超过外绝缘 1/3 部位	严重缺陷
	局部放电量超过 5000 光子 /s，且放电距离不超过外绝缘 1/3 部位	危急缺陷
金属带电部位	局部放电量不超过 5000 光子 /s	一般缺陷
	局部放电量在 5000 ~ 10000 光子 /s 范围	严重缺陷
	局部放电量超过 10000 光子 /s	危急缺陷

五、注意事项

1. 安全注意事项

（1）开始作业前，工作负责人应对全体工作班成员详细交代工作中的安全注意事项及带电部位。

（2）作业人员进入现场工作应正确佩戴安全帽，穿绝缘鞋。

（3）根据带电设备的电压等级，全体工作人员及测试仪器应注意保持与带电体的安全距离不应小于 Q/GDW 1799.1—2013《国家电网公司电力安全工作规程（变电部分）》中规定的距离，防止误碰带电设备。

（4）雷雨天严禁作业。

（5）在 GIS 设备区域检测时，应避开压力释放装置，工作人员不准在 SF_6 设备防爆膜附近停留。

（6）专责监护人在检测期间应始终行使监护职责，不得擅离岗位或兼职其他工作。

（7）测试人员应注意脚下，防止人员摔跤。

2. 检测注意事项

（1）在进行检测前，应检查仪器电量是否充足。

（2）户外晴天要避开阳光直接照射或反射进入仪器镜头。

（3）避开电磁场，防止强电磁场影响紫外成像仪的正常工作。

（4）清洁仪器只能使用湿布和少量洗涤剂，切忌用化学溶剂擦拭外壳，如发现仪器有任何异常，应立即停止使用并送维修。

（5）对放电异常点，应记录最佳检测位置，并做上标记，供以后复测使用，提高对比性和工作效率。

第三节 案例分析

【例 5-1】紫外成像检测发现出线套管均压环异常放电

一、案例简介

2017 年 2 月，对某变电站进行紫外成像检测时发现，500kV 62 号母线 B 相 GIS 出线套管均压环处有明显电晕放电现象，其放电图谱如图 5-4 所示。

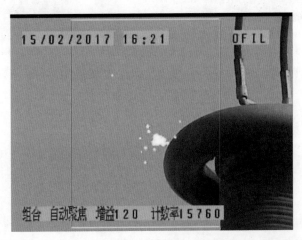

图5-4　500kV 62号母线B相GIS出线套管均压环放电图谱

二、分析与结论

该放电部位于 500kV 62 号母线 B 相 GIS 出线套管均压环处，属于导电体表面放电，原因为均压环表面污秽或长期运行户外运行恶劣气候条件下的侵蚀所造成的表面粗糙引起电场分布不均。

由放电图谱可以看出，该检测部位为金属带电部位。在检测仪器增益为 120 倍时，其放电量为 15760 光子 /min，即 263 光子 /s。建议密切关注该放电部位的放电量变化，并结合停电对放电部位进行处理。

【例5-2】紫外成像检测发现悬式绝缘子异常放电

一、案例简介

2017 年 11 月，对某 500kV 变电站进行紫外成像检测时发现，50111 隔离开关 A 相出线套管侧 500kV Ⅰ母 B 相上方悬式绝缘子有明显电晕放电现象，其放电图谱如图 5-5 所示。

（a）紫外成像检测图谱　　　　　　　　　（b）近距离观察照片

图5-5　50111隔离开关A相出线套管侧500kV Ⅰ母B相上方悬式绝缘子放电图谱

二、分析与结论

该放电部位于 50111 隔离开关 A 相出线套管侧 500kV Ⅰ母 B 相上方悬式绝缘子，属于绝缘子表面放电，原因为绝缘子表面积污且在长期运行户外运行恶劣气候条件下引起的电烧蚀。

由放电图谱可以看出，该检测部位为悬式绝缘子。在检测仪器增益为 110 倍时，其放电量为 29010 光子 /min，即 484 光子 /s。建议密切关注该部位的放电量变化和存在放电现象的绝缘子数，当放电绝缘子数超过 1/3 时，应及时停电对放电部位进行处理。

第六章
高频局部放电检测技术

第一节 高频局部放电检测技术基本原理

一、高频电流传感器的基本原理

高频局部放电检测方法是用于电力设备局部放电缺陷检测常用测量方法之一，其检测频率范围通常为 3 ~ 30MHz，可广泛应用于高压电力电缆及其附件、变压器、电抗器、旋转电机等电力设备的局部放电检测。

高频局部放电检测所用传感器类型主要分为电容型传感器和电感型传感器。电感型传感器中的高频电流传感器（high frequency current transformer，HFCT）具有便携性强、安装方便、现场抗干扰能力较好等优点，因此应用最为广泛，其工作方式为对流经电力设备的接地线、中性点接线以及电缆本体中放电电流信号进行检测。

高频电流传感器多采用罗格夫斯基线圈（罗氏线圈）结构。一般情况下罗氏线圈为圆形或矩形，线圈骨架可以选择空心或者磁性骨架，导线均匀绕制在骨架上。

罗氏线圈的一次侧为流过被测电流的导体，二次侧为多匝线圈。当有交变电流流过线圈中心的导体时，会产生交变磁场。二次侧线圈与被测电流产生磁通交链，整个罗氏线圈二次侧产生的磁链正比于导体中流过的电流大小。变化的磁链产生电动势，且电动势的大小与磁链的变化率成正比。令流过导体的电流为 $I(t)$，线圈二次侧感应出的电动势为 $e(t)$，基于安培环路定律和法拉第电磁感应定律，可由麦克斯韦方程解得

$$e(t) = M \frac{\partial I(t)}{\partial t}$$

式中　M——罗氏线圈的互感系数。

根据罗氏线圈负载的不同，线圈可分为外积分式和自积分式。外积分式罗氏线圈又称作窄带型电流互感器，具有较好的抗干扰能力。当采用外积分式罗氏线圈时，为得到电流 $I(t)$ 的波形，线圈的输出通常需要经过无源 RC 外积分电路、由运放构成的

有源外积分电路，以及数字积分电路等负载。外积分式罗氏线圈受积分电路频率性能影响较大，测量频率上限受到限制，一般用于测试兆赫兹以下的中低频电流。自积分式罗氏线圈又称作宽带型电流传感器，具有相对较宽的检测频带。由于其直接采用积分电阻，因此频率响应较快，适用于测量上升时间较短的脉冲电流信号。

罗氏线圈根据其结构不同可分为挠性罗氏线圈、刚性罗氏线圈和 PCB 型罗氏线圈。挠性罗氏线圈以能够完全地挠性材料作为线圈骨架，将导线均匀绕在骨架上。测量时将骨架弯曲成一个闭合的环，使通电导体从线圈中心穿过。这种线圈使用方便，但测量精度低、稳定性不高。刚性罗氏线圈采用刚性结构线圈骨架，在结构上更容易使得绕线能够均匀分布，大大提高了抗外磁场干扰的能力，从而提高了测量的精确度。这种线圈的测量精度和可靠性较高，但在实际使用中会受到现场安装条件的限制。PCB 型罗氏线圈是一种基于印刷电路板（PCB）骨架的罗氏线圈，与传统的罗氏线圈相比，其线圈密度、骨架截面积以及线圈截面与中心线的垂直程度都有极大提高，是一种高精度的罗氏线圈。这种线圈还处于起步阶段，其距实际应用还有一定的距离。

1. 技术优势

（1）检测灵敏度较高。高频电流传感器通常由环形铁氧体磁芯构成，该材质传感器对于高频电流信号具有很好的耦合能力，同时在传感器设计时，选取合适的线圈匝数和积分电阻，可保证传感器具有很高的灵敏度。

（2）具有安装简单，易于携带等优点。高频电流传感器可以设计成开口结构，方便现场安装。

（3）可进行局部放电的量化描述。由于高频局部放电检测技术主要检测高频电流脉冲信号，与传统的脉冲电流法具有类似的检测原理，在传感器及信号处理电路相对固定的情况下，可以对检测回路进行标定，对被测局部放电的强度进行理化描述，以便于准确评估被检测电力设备局部放电的绝缘劣化程度。

2. 局限性

（1）高频电流传感器的安装方式限定了该检测技术的应用范围，高频电流传感器需安装在被检测电力设备接地线或末屏引下线上。对高压套管、电流互感器、电压互感器等容性设备来说，若其末屏没有引下线，则无法应用高频局部放电检测技术进行检测。

（2）抗电磁干扰能力较弱。由于高频电流传感器的检测原理为电磁耦合原理，主要包括高压电力电缆及其附件、变压器铁芯及夹件、避雷器、带末屏引下线的容性设备等。

二、高频局部放电检测技术基本原理

用于局部放电检测的罗氏线圈称为高频电流传感器，其有效的频率检测范围为 $3 \sim 30MHz$。由于所测量的局部放电信号是微小的高频电流信号，传感器需要在较宽的频带内具有较高的灵敏度，因此高频电流传感器选用高磁导率的磁芯为线圈骨架，并通常采用自积分式线圈结构。采用高频电流传感器进行局部放电检测的等效电路如图 6-1 所示。其中，$I_1(t)$ 为被测导体中流过的局部放电脉冲电流，M 为被测导体与高频电流传感器线圈之间的互感，L_s 为线圈的自感，R_s 为线圈的等效电阻，C_s 为线圈的等效杂散电容，R 为负载积分电阻，$u_0(t)$ 为高频电流传感器的输出电压信号。

在传感器参数满足自积分条件的情况下，忽略杂散电容 C_s，计算可得系统的传递函数为

$$H(S) = \frac{U_0(S)}{I_0(S)} \approx \frac{M}{L_s} R = \frac{R}{N}$$

式中　N——线圈的绕线匝数。

因此，在满足自积分条件的一段有效频带内，高频电流传感器的传递函数是与频率无关的常数。并且，高频电流传感器的灵敏度与绕线匝数 N 成反比，与积分电阻 R 成正比。

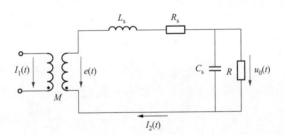

图6-1　高频电流传感器局部放电检测等效电路图

高频电流传感器等效电路类似于高频小信号并联谐振电路，采用高频小信号并联谐振回路理论分析可得电流传感器的频带为：

下限截止频率

$$f_1 = \frac{R + R_s}{2\pi(L_s + RR_sC_s)} \approx \frac{R + R_s}{2\pi L_s}$$

上限截止频率

$$f_2 = \frac{L_s + RR_sC_s}{2\pi L_s RC_s} \approx \frac{1}{2\pi RC_s}$$

在实际使用中，一般希望高频电流传感器有尽可能高的灵敏度，并且在较宽的频带范围内有平滑的幅频响应曲线。同时要求高频电流传感器有较强的抗工频的磁饱和

能力，这是因为实际检测时不可避免有工频电流流过，而此时不应因磁芯饱和而影响检测结果。

三、高频局部放电检测装置

常用的高频局部放电检测装置包括高频电流传感器、信号处理单元、信号采集单元和数据处理终端。高频局部放电检测装置组成如图 6-2 所示。

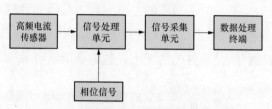

图6-2　高频局部放电检测装置组成图

1. 高频电流传感器

高频局部放电检测所用的传感器按安装位置不同主要分为接地线型高频电流传感器和电缆本体型高频电流传感器，两种传感器结构与检测原理相同，区别主要在于传感器内径大小不同。现有的高频电流传感器下限截止频率大多在 1MHz 以下，上限截止频率可达几十兆赫兹。

2. 信号处理单元

传感器耦合的信号通常需要进行滤波和放大，实际测量中会有各类噪声和干扰信号，因此需要配合硬件滤波器或后续软件滤波功能进行滤波、抗干扰。滤波过后信号幅值会有一定程度的衰减，须经过宽带放大器适当放大，从而达到提高局部放电信号信噪比的目的。对于具有电压同步功能的高频局部放电检测装置，可以通过外部触发信号为检测装置提供电压同步，同步信号可由分压电容、电源或工频电流互感器提供。另外，部分高频局部放电检测仪器还会对经过滤波放大的局部放电脉冲信号进行检波处理，从而降低对后续信号处理的要求。

3. 信号采集单元

信号采集单元主要由数据采集卡构成，将实际采集到的模拟信号转化为可供进一步处理的数字信号。信号采集单元的主要性能参数为采样率、采样分辨率、带宽及存储深度。常用的高频局部放电检测设备采样率在 100MS/s 以内。采样率越高越有利于还原局部放电信号的高频分量。

4. 数据处理终端

数据处理终端主要用于显示测量结果与分析诊断。高频局部放电检测装置所提供的检测结果通常包括：单脉冲时域波形、单周期（20ms）时域波形、幅值相位图谱及局部放电脉冲频谱分析等。

第二节　高频局部放电现场检测与判断

一、现场检测要求

1. 人员要求

（1）高频局部放电检测是直接为保证电力安全生产服务的一项带电检测技术，要求从事该项工作的专业技术人员有一定的业务素质。

（2）检测人员应了解被检测设备高频局部放电检测技术的基本条件和诊断程序，熟悉高频局部放电测试仪器的工作原理、技术参数和性能，熟悉掌握仪器的操作方法。

（3）检测人员应了解被测设备的结构特点、外部接线、运行状况和常见故障。检测人员应具有一定现场工作经验，熟悉并能严格遵守电力生产安全规程。

2. 安全要求

（1）应严格执行 Q/GDW 1799.1—2013《国家电网公司电力安全工作规程（变电部分）》的相关要求。

（2）应严格执行发电厂、变（配）电站巡视的要求。

（3）检测至少由两人进行，并严格执行保证安全的组织措施和技术措施。

（4）应有专人监护，监护人在检测期间应始终行使监护职责，不得擅离岗位或兼职其他工作。

（5）应确保操作人员及测试仪器与电力设备的高压部分保持足够的安全距离。

（6）应避开设备防爆口或压力释放口。

（7）测试中，电力设备的金属外壳应接地良好。

（8）雷雨天气应暂停检测工作。

3. 环境要求

（1）环境温度：5～40℃。

（2）空气相对湿度：不大于85%。

（3）大气压力：80～110kPa。

4. 仪器要求

（1）性能要求。

1）测量频率范围：3～30MHz；

2）测量灵敏度：小于等于 –100dB/10pC；

3）高频电流传感器在 3～30MHz 频段范围内的传输阻抗不应小于 5mV/mA；

4）最大输出对应的频率应位于 3～30MHz，带宽不应小于 2MHz。

（2）功能要求。

1）基本功能要求。

a.高频电流传感器可直接钳接在电气设备接地引下线或其他地电位连接线上，不应改变电气设备原有的连接方式。

b.具备对局部放电信号幅值、频次、相位等基本特征参量进行检测和显示的功能，可提供局部放电信号幅值及频次变化的趋势图。

c.提供局部放电相位分布图谱（PRPD）或脉冲序列相位分布图谱（PRPS）等用于描述放电特征的图谱信息。

d.图谱数据存储文件格式、数据格式应满足 Q/GDW 11304.5—2015《电力设备带电检测仪器技术规范　第 5 部分：高频法局部放电带电检测仪》的要求。

e.具备连续测量能力，内外两种同步模式，能识别和抑制干扰，拥有局部放电波形和数值两种显示功能，具有放电相位、幅值、放电频次信息显示。

f.具备数据保存功能，可实现数据和图像的动态回放功能。

2）高级功能要求。对于诊断型高频局部放电带电检测仪器的专项功能如下：

a.具备模拟信号输出端口，以便通过示波器对经放大、滤波后的脉冲波形进行时域及频域分析。

b.具备放电类型识别功能，可判断电力设备中的典型局部放电类型，或给出各类局部放电发生的可能性，诊断结果应当简单明确。

c.具备脉冲识别等功能，能够对信号进行分离分类，提供不同类型信号（电晕放电、内部放电、沿面放电等）的相位图谱、单个脉冲时域波形、单个脉冲频域波形、信号幅值等特征参数。

二、检测方法

1.检测准备

收集检测设备一次系统图、内部结构图（必要时）、测点信息等；收集历史检修记录、试验数据；收集运行工况（在线监测报警信息、设备缺陷、不良工况、负荷状况）等资料；必要时，开展作业现场勘查。

开始局部放电检测前，应准备好以下仪器及主要辅助工器具：

（1）高频局部放电检测仪：用于接收、处理高频传感器采集到的高频局部放电信号。

（2）高速数字示波器：必要时进行高频局部放电的时域观测。

（3）工作电源：为检测仪、示波器等提供电源，并提供相位同步信号。

2. 巡检方法

试验开始前可以根据情况需要，进行必要的现场巡检，巡检的主要内容包括检查设备状态、设备后台的数据查询（包括充油设备的油色谱数据、高频电流的监测数据、局部放电信号的异常情况等）、传感器安装、信号检测以及选择排除干扰的测试地点等。根据现场设备的巡检状况确定试验现场的大致布局，需要检测的信息等。

3. 精确检测

（1）将高频局部放电传感器与高频电流信号调理器连接，开启电源，将主机与高频电流信号调理器进行无线连接，设置同步信号。

（2）打开高频局部放电测试界面（HFCT PRPD2D&PRPS3D），进行测试，每个测点时间不少于 30s。

（3）对于已知频带的干扰，可在传感器之后或采集系统之前加装滤波器进行抑制；对于不易滤除的干扰信号，或现场不易确定的干扰，可记录所有信号波形数据，在放电识别与诊断阶段通过分离分类技术剔除干扰；其他抗干扰措施可参考 GB/T 7354—2018《高电压试验技术　局部放电测量》及 DL/T 417—2019《电力设备局部放电现场设备测量导则》中推荐的方法。

（4）若同步信号的相位与缺陷部位的电压相位存在不一致，宜根据这些因素对局部放电图谱中参考相位进行手动校正，然后再进行下一步的分析。

（5）保存 PRPD、PRPS 图谱，并记录图谱编号及被测点信息。

（6）如存在异常信号，应进行多次测量并对多组测量数据进行幅值对比和趋势分析，同时对附近有电气连接的电力设备进行检测，查找异常信号来源。

（7）对于异常的检测信号，可以使用其他类型仪器进行进一步的诊断分析，也可以结合其他检测方法进行综合分析。

（8）如果检测信号无异常，退出并改变检测位置继续下一点检测，直到所有测点检测完毕。

4. 工作终结

工作班成员应整理原始记录，由工作负责人确认检测项目齐全，核对原始记录数据是否完整、齐备，并签名确认。检测工作完成后，应编制检测报告，工作负责人对其数据的完整性和结论的正确性进行审核，并及时向上级专业技术管理部门汇报检测项目、检测结果和发现的问题。

三、诊断方法

当检测发现信号异常时,应首先查找可能存在的外部干扰源,尽可能对其进行抑制,确定信号是否来自设备内部。然后在临近测点进行检测,如果能够检测到相似信号,即可使用示波器采集放电波形,根据波形极性以及时差,来判断信号源是否位于设备内部。随后,采用特高频检测、超声波检测、信号频谱分析以及油色谱分析等多种手段,结合设备内部结构,进行放电类型与放电位置的综合分析判断。

对于干扰信号的识别,可以采取以下方法:

(1)对于高频局部放电来说,其干扰源主要从地网耦合进来,因此可以通过测试周围的其他设备或者构架的高频局部放电信号,并通过与被测设备的信号进行对比,来识别干扰。

(2)可以用高速示波器同时检测被测设备及其周围设备或构架的高频局部放电信号,在示波器上观测两个信号的起始放电阶段的波峰/波谷是否对应,以及两个信号的起始放电时差。当高频局部放电传感器放置方向相同时,如果波峰/波谷相互对应,则可大致判断为外部的干扰信号;同时两个高频放电信号的起始放电时差用于判断干扰源的大致方向。

四、判断标准

高频局部放电检测典型图谱见表 6-1。测量结果异常时还应结合特高频局部放电等检测手段进行综合分析判断。

表6-1　　　　　　　　　　　高频局部放电检测典型图谱

放电类型	典型图谱分析
电晕放电	缺陷分析:高电位处存在单点尖端,电晕放电一般出现在电压周期的负半周。若地电位处也有尖端,则负半周出现的放电脉冲幅值较大,正半周幅值较小 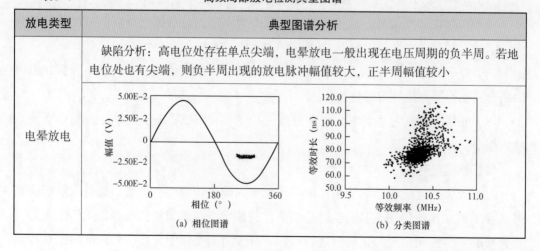 (a) 相位图谱　　　　　　　　(b) 分类图谱

续表

放电类型	典型图谱分析
电晕放电	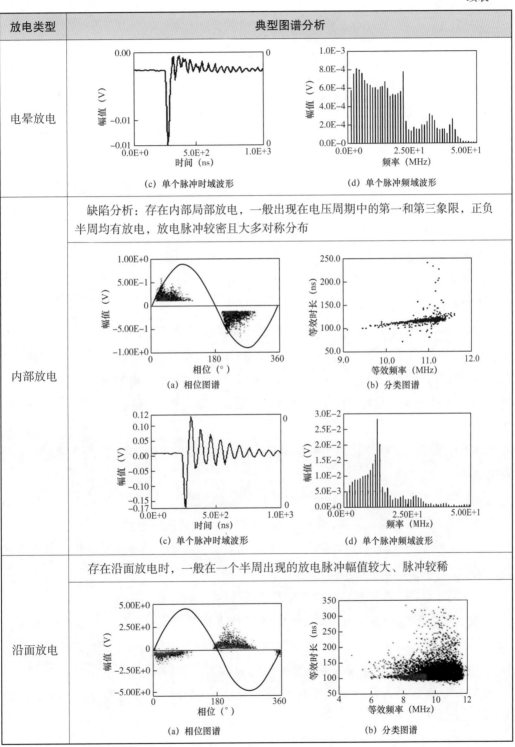

缺陷分析：存在内部局部放电，一般出现在电压周期中的第一和第三象限，正负半周均有放电，放电脉冲较密且大多对称分布

存在沿面放电时，一般在一个半周出现的放电脉冲幅值较大、脉冲较稀

续表

放电类型	典型图谱分析
沿面放电	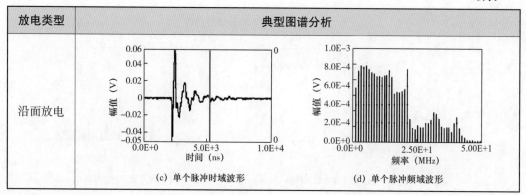 (c) 单个脉冲时域波形　　　　(d) 单个脉冲频域波形

五、注意事项

1. 安全注意事项

（1）开始工作前，工作负责人应对全体工作班成员详细交代工作中的安全注意事项、带电部位。

（2）进入工作现场，全体工作人员必须正确佩戴安全帽，穿绝缘鞋。

（3）雷雨天气严禁作业。

（4）等高作业时应选择绝缘梯子，使用前要检查梯子有否断档开裂现象，梯子与地面的夹角应在 60°左右，梯子应放倒两人搬运，举起梯子应两人配合防止倒向带电部位。

（5）在梯子上作业，必须用绳索绑扎牢固，梯子下部应派专人扶持，并加强现场安全监护。

（6）梯子上作业应使用工具袋，严禁上下抛掷物品。

（7）应避开压力释放装置，工作人员不准在 SF_6 设备防爆膜附近停留。

（8）在使用传感器进行检测时，应戴绝缘手套，避免手部直接接触传感器金属部件，做好人体防感应电的各项措施。

（9）防止误碰二次回路，防止误碰断路器和隔离开关的传动机构。

（10）根据带电设备的电压等级，全体工作人员及测试仪器应注意保持与带电体的安全距离不应小于 Q/GDW 1799.1—2013《国家电网公司电力安全工作规程（变电部分）》中规定的距离，防止误碰带电设备。

（11）专责监护人在检测期间应始终行使监护职责，不得擅离岗位或兼职其他工作。

2.检测注意事项

（1）现场测试采用仪器电池供电方式。

（2）现场测试时检测仪的接地端必须与地网可靠连接。

（3）现场测试时应注意记录设备运行方式、天气情况，尽量保证每次测试设备运行方式相同，测试环境一致。

第三节　案例分析

【例6-1】高压并联电抗器高频局部放电检测异常

一、异常概况

某1000kV特高压变电站线路高压并联电抗器A相型号为BKD-240000/1100，于2015年1月16日投入运行。投运后离线油色谱检测发现油中含有微量乙炔，根据变化情况一直进行一个月或半个月一次的离线油色谱跟踪检测。2017年12月12日，高压并联电抗器A相离线油色谱跟踪检测发现下部油样乙炔含量已达到2.34μL/L，出现明显增长。2017年12月12日和2017年12月28日的带电检测结果表明高压并联电抗器内部存在局部放电信号。随后结合停电检查，发现内部放电点并对其进行处理。

二、设备概况

检测对象：某1000kV特高压变电站线路高压并联电抗器A相，相关信息见表6-2。

表6-2　　　　　　　　　　　　检测对象信息

设备型号	出厂编号	出厂年月
BKD-240000/1100	130982791	2014年1月

三、检测数据

1.油色谱离线分析

根据离线油色谱跟踪情况，2017年12月12日至12月29日该高压并联电抗器A相底部油样的乙炔含量变化趋势如图6-3所示。

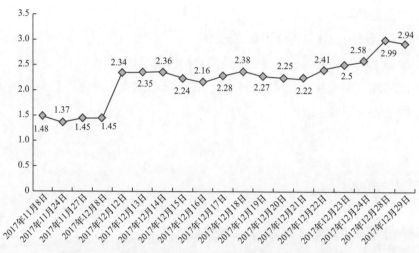

图6-3　高压并联电抗器A相底部油样的乙炔变化趋势

从图 6-3 可以看出，12 月 12 日，高压并联电抗器 A 相离线油色谱乙炔含量达到 2.34μL/L，较 12 月 8 日检测结果增长 0.89μL/L，出现明显增长。

利用三比值法对离线油色谱数据进行分析，诊断结果为电弧放电。

2. 局部放电检测

（1）高频局部放电检测。将高压并联电抗器器身上的特高频信号与铁芯、夹件的高频信号同时接入高速示波器进行联合检测（以特高频信号为触发通道），由图 6-4 所示的检测图谱可看到，高压并联电抗器器身上的特高频信号与铁芯、夹件的高频信号一一对应，特高频信号与高频信号具有相关性。

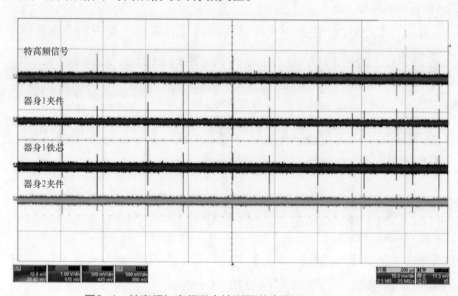

图6-4　特高频与高频联合检测图谱（横轴：10ms/div）

图 6-5 为器身 1、器身 2 的铁芯、夹件示波器高频局部放电检测图谱，从图 6-5 可看出，器身 1 夹件＞器身 1 铁芯＞器身 2 铁芯。

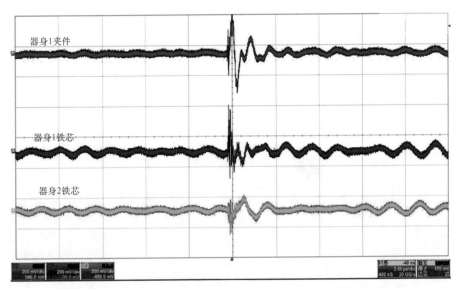

图6-5　器身1、器身2的铁芯、夹件示波器高频局部放电检测图谱

器身 1、器身 2 的铁芯、夹件的脉冲极性检测图谱如图 6-6 所示，可看到，器身 1 夹件与器身 1 铁芯的脉冲极性相同，器身 1 夹件、铁芯与器身 2 铁芯的脉冲极性相反。

利用 PDcheck 高频局部放电检测仪对该高压并联电抗器 A 相器身 1、器身 2 的铁

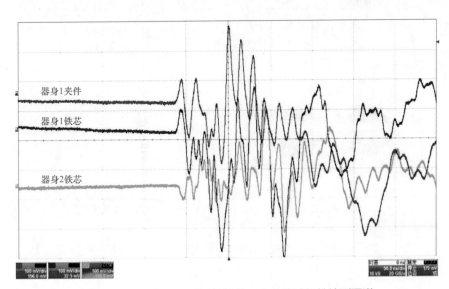

图6-6　　器身1、器身2的铁芯、夹件脉冲极性检测图谱

芯、夹件进行了高频局部放电检测，检测发现不同时刻高频检测图谱也呈现不同特征，不同时刻器身1、器身2的铁芯、夹件高频局部放电检测图谱如图6-7和图6-8所示。从图6-7和图6-8可看到，器身1铁芯、夹件的信号图谱具有局部放电特征，与典型油浸压制板、多小空隙分布局部放电检测图谱相似，其PDcheck典型放电图谱如图6-9所示。比较器身1铁芯、夹件和器身2铁芯、夹件的信号幅值发现，器身1夹件＞器身1铁芯＞器身2铁芯、夹件。

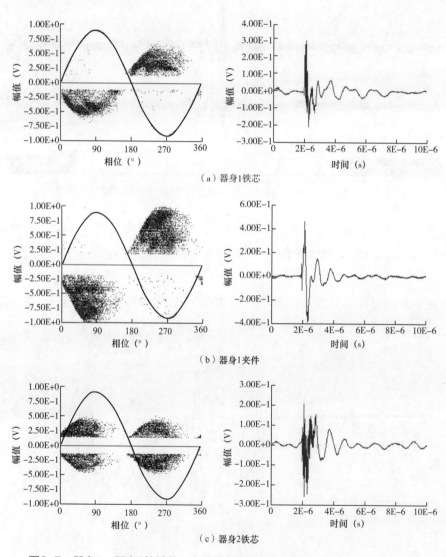

图6-7　器身1、器身2的铁芯、夹件高频局部放电检测图谱（一）（时刻1）

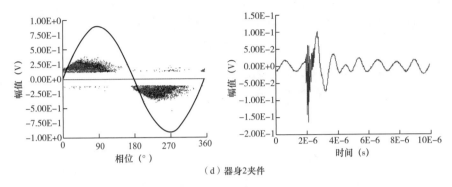

（d）器身2夹件

图6-7　器身1、器身2的铁芯、夹件高频局部放电检测图谱（二）（时刻1）

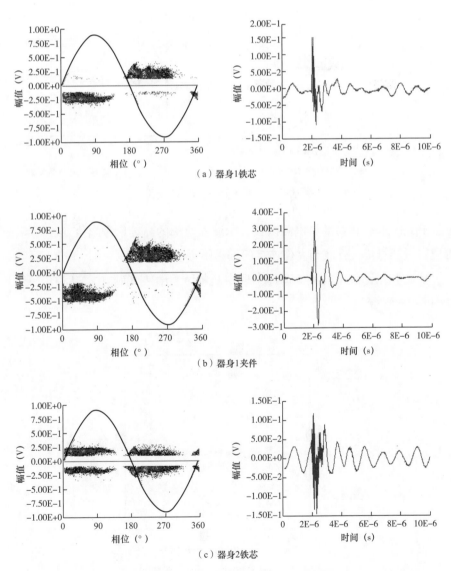

（a）器身1铁芯

（b）器身1夹件

（c）器身2铁芯

图6-8　器身1、器身2的铁心、夹件高频局部放电检测图谱（一）（时刻2）

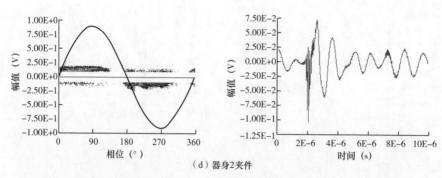

（d）器身2夹件

图6-8　器身1、器身2的铁心、夹件高频局部放电检测图谱（二）（时刻2）

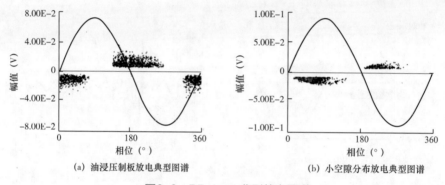

（a）油浸压制板放电典型图谱　　　　　（b）小空隙分布放电典型图谱

图6-9　PDcheck典型放电图谱

根据 PDcheck 高频局部放电测试仪、示波器检测的高频信号幅值、极性特征判断，放电源应靠近器身1夹件或与夹件连接的部件附近。

（2）特高频局部放电检测。高压并联电抗器 A 相器身缝隙上特高频传感器位置布置图如图 6-10 所示。

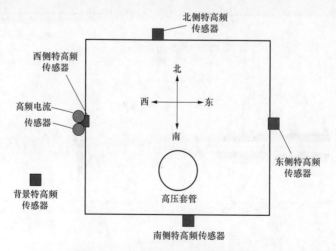

图6-10　特高频传感器位置布置图

利用莫克 EC4000 对图 6-10 所示的南侧、东侧、北侧特高频传感器以及背景传感器进行检测，得到高压并联电抗器 A 相特高频检测图谱如图 6-11 所示。

从图 6-11 可看到，高压并联电抗器器身上的特高频传感器出现类似的特高频信号时，背景传感器并无相关信号出现，可排除外部干扰所致。

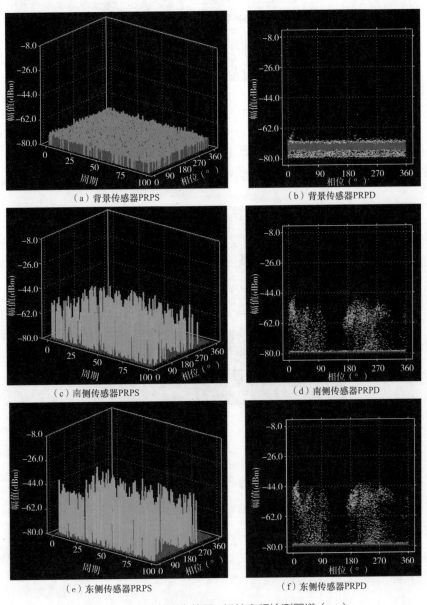

图6-11　高压并联电抗器A相特高频检测图谱（一）

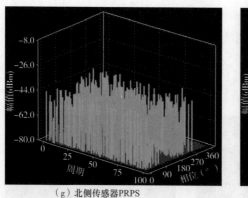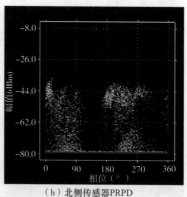

（g）北侧传感器PRPS　　　　　　（h）北侧传感器PRPD

图6-11　高压并联电抗器A相特高频检测图谱（二）

（3）特高频信号频谱分析。将高压并联电抗器器身上东侧传感器的特高频信号接入频谱仪，得到特高频信号频谱如图6-12所示，主要分布于300～1500MHz。

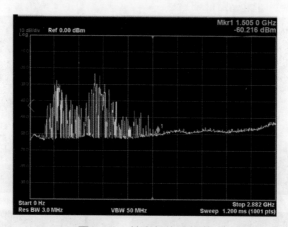

图6-12　特高频信号频谱

3. 现场定位分析

为了确定放电源位置，在高压并联电抗器器身上同时布置4路特高频传感器，通过这4路特高频传感器两两之间的相对时差来确定信号源的具体位置。特高频传感器的布置位置、坐标系建立如图6-13所示，其中传感器①、②、⑤和⑥为一组，传感器①、③、⑥和⑦为一组，传感器①、④、⑥和⑧为一组。三组传感器检测的特高频信号波形分别如图6-14～图6-16所示。

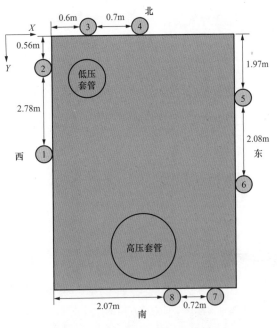

图6-13　特高频传感器布置图

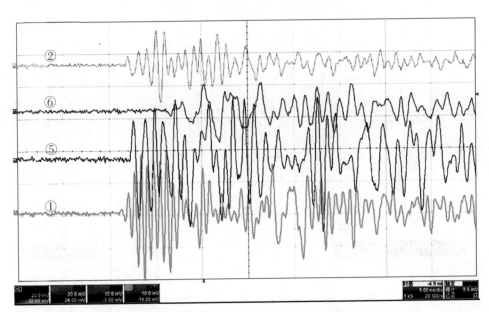

图6-14　特高频传感器①、②、⑤和⑥特高频信号波形
（其中①领先②约0.3ns，①领先⑤约0.8ns，①领先⑥约5ns）

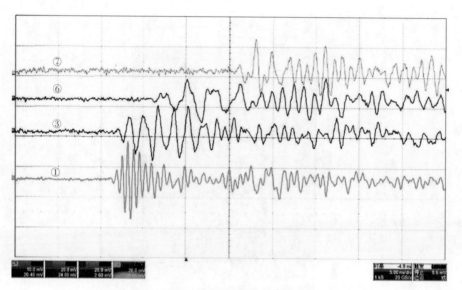

图6-15　特高频传感器①、③、⑥和⑦特高频波形

（其中①领先③约 1ns，①领先⑥约 5ns，①领先⑦约 14.4ns）

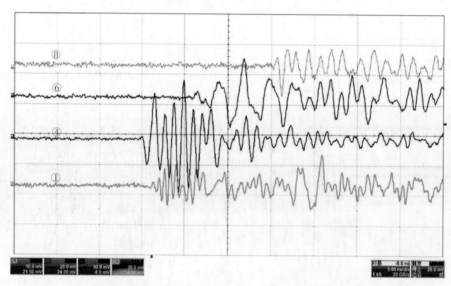

图6-16　特高频传感器①、④、⑥和⑧特高频波形

（其中④领先①约 1.4ns，④领先⑥约 6.4ns，④领先⑧约 15.6ns）

根据图 6-14 ~ 图 6-16 中不同传感器间接收信号的时差和各传感器的位置坐标（高压并联电抗器尺寸为 X：3.4m，Y：6.8；Z：4m），并假设放电信号在高压并联电抗器内部为无障碍传播，可以分别计算三组不同传感器布置方式下信号源的位置坐标。信号源的大致坐标计算结果见表 6-3。

表6-3	信号源的大致坐标		m
坐标	位置1	位置2	位置3
X	1.338	1.184	1.217
Y	1.993	1.991	1.687
Z	3.606	2.313	2.455

综合三组传感器的定位结果，特高频信号源大致位于距高压并联电抗器底座高度约（278±30）cm、距高压并联电抗器西侧壁约（125±30）cm、距高压并联电抗器北侧约（189±30）cm的位置。放电源大致区域示意图如图6-17所示，高压并联电抗器内部俯视图如图6-18所示，高压并联电抗器内部三维图如图6-19所示。

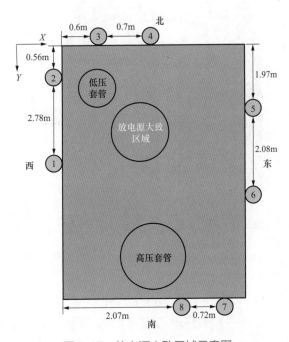

图6-17　放电源大致区域示意图

四、解体检查情况

2018年1月23～24日，厂家对高压并联电抗器A相进行了解体检查。

本次检查遵循先外观检查、再测量、后深入各接地系统内部结构检查，按照先X柱、后A柱的检查顺序，由进箱检查人员对接地部位的每一部件均进行了检查。同时检查了首端引线与套管的连接、末端穿缆式引线进入套管均压球的状态、A柱与X柱连接引线等带电部位。

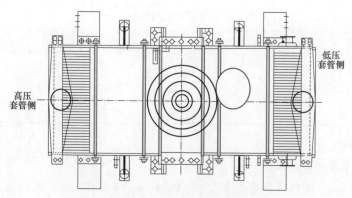

图6-18　高压并联电抗器内部俯视图

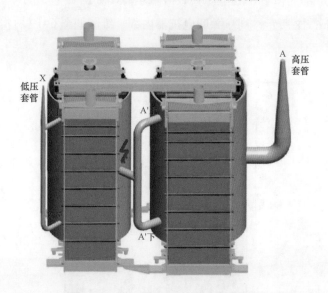

图6-19　高压并联电抗器内部三维图

本次解体检查共发现两处异常放电点，分别如下：

（1）对高压并联电抗器内部夹件进行检查发现，高压并联电抗器 A 柱上夹件穿心螺栓均压帽与磁分路接地螺栓均压帽对应面存在放电烧蚀痕迹，但两个均压帽处未发现黑色痕迹现象，其中 A 柱上夹件放电均压帽如图 6-20 所示，放电均压帽大致位置如图 6-21 所示。该处放电位置与前期带电检测定位结果基本一致。

（2）对高压并联电抗器 A 柱和 X 柱的地屏进行检查，发现 A 柱和 X 柱地屏铜带均存在整体褶皱现象，地屏纵向中部褶皱部位的部分铜带及其外包绝缘纸颜色较深，存在过热和黑色疑似放电痕迹。其中，X 柱地屏中颜色较深的铜带主要由从下往上第 36、39、42、45、48 条，A 柱地屏中颜色较深的铜带主要由从下往上第 35、38 条，其中 A 柱地屏外观如图 6-22 所示，地屏中部位置三维图如图 6-23 所示。X 柱地屏上颜色较

图6-20 高压并联电抗器A柱上夹件放电均压帽

图6-21 放电均压帽大致位置

深的铜带和黑色痕迹均比 A 柱多。观察 X 柱和 A 柱中颜色较深铜带可发现其外包绝缘纸均已变脆,铜带上的黑色痕迹可擦拭。

图6-22 A柱地屏外观

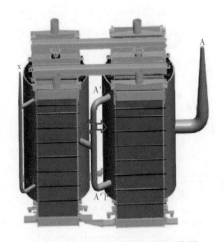

图6-23 地屏中部位置三维图

五、处理措施

(1) 认真清理高压并联电抗器器身,优化屏蔽帽使用方案,并更换屏蔽帽和其他易损部件。

(2) 更换全部地屏,改进地屏结构工艺,加强地屏包绕工艺质量管控,避免地屏金属带出现明显褶皱。

六、异常放电点分析

（1）高压并联电抗器 A 柱上夹件穿心螺栓均压帽与磁分路接地螺栓均压帽之间的放电，分析认为是由于两均压帽安装间隙过近，在高压并联电抗器运行过程中由于振动而产生间歇性放电，该处均压帽的间歇性放电特性与油色谱增长规律吻合，高压并联电抗器油色谱异常增长主要为该均压帽放电所致。

（2）高压并联电抗器 X 柱和 A 柱的地屏，在制造过程中因干燥引起纸板收缩导致了铜带发生褶皱，褶皱部位电场畸变容易造成放电。

【例 6-2】变压器高频局部放电检测异常

一、异常概况

2018 年 2 月 1 日，在对某 500kV 变电站 4 号主变压器 A 相进行脉冲局部放电试验时，发现高、中压侧脉冲电流局部放电量不满足相关技术要求。

2018 年 2 月 2～3 日，为确定该异常情况，试验人员对其开展了局部放电专项带电检测，确认其内部存在放电现象，高频检测呈现绝缘放电特征；初步定位结果显示，放电源位于距 A 相主变压器底部高度约（272.5±30）cm、距 4 号主变压器 A 相东侧壁约（47.5±30）cm、距 4 号主变压器 A 相南侧壁约（352.5±30）cm 的位置。

二、设备概况

检测对象：某 500kV 变电站 4 号主变压器 A 相，检测对象信息见表 6-4。

表6-4　　　　　　　　　　　　检测对象信息

设备型号	出厂编号	出厂年月
ODFS-334000/500	D170851101	2017 年 12 月

三、带电检测情况

1. 高频局部放电检测情况

在对 4 号主变压器 A 相进行脉冲电流局部放电试验过程中，通过 PDcheck 高频局部放电检测仪，取得变压器铁芯、夹件及中性点接地处电流信号，以检测其内部信号特征，高频局部放电检测图谱如图 6-24 所示。

比较各信号采集处的高频电流局部放电信号幅值，发现变压器夹件接地处信号幅值最大，达到 2V；铁芯接地处次之，最大幅值为 1V；中性点接地处幅值较小，最大幅值为 0.5V 左右；背景信号最小。从相位特征来看，变压器夹件、铁芯高频信号相位

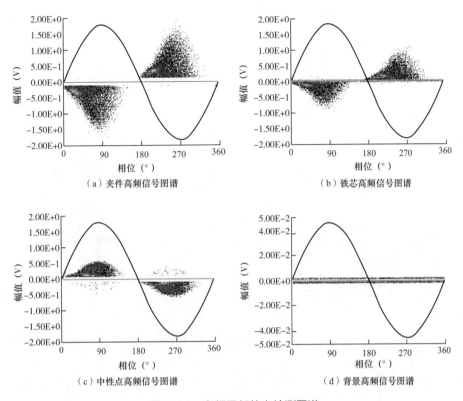

图6-24 高频局部放电检测图谱

较为一致，说明变压器夹件、铁芯的高频信号耦合传输情况相似，且夹件接地处信号幅值明显大于铁芯接地处信号幅值，说明信号源与夹件属于强耦合关系；而中性点接地处高频信号与变压器夹件、铁芯高频信号之间相位差约180°，考虑变压器内部局部放电信号耦合传输路径的参数特性（电感、电容、电阻），异常局部放电点信号源传输可能为：①中性点接地高频信号主要表现为感性耦合；②夹件、铁芯接地高频信号主要表现为容性耦合。

综合判断，变压器夹件、铁芯和中性点接地处信号呈现典型内部放电特征，缺陷类型呈绝缘放电特征，而背景信号无典型放电特征。因此，判断试验过程中测得的异常信号源位于变压器内部，排除外部干扰所致。

2.特高频局部放电检测情况

（1）特高频局部放电检测。4号主变压器A相器身缝隙上特高频传感器布置图如图6-25所示。

利用莫克EC4000对1号内置特高频传感器和4号主变压器A相器身2、3号特高频传感器以及背景传感器进行现场检测，检测时均对4号主变压器A相器身上的2、3

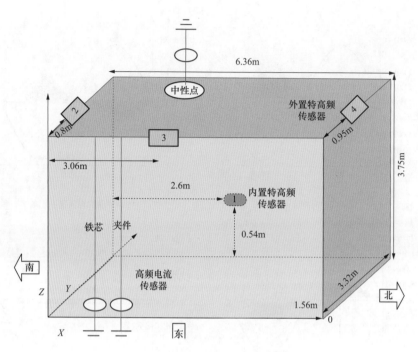

图6-25 特高频传感器布置图

号特高频传感器进行屏蔽处理，以减少外部信号干扰，4号主变压器A相长时感应耐压及局部放电试验加压时特高频局部放电检测图谱如图6-26所示。

从图6-29可看到，4号主变压器A相脉冲局部放电试验加压时1号内置特高频传感器和4号主变压器A相器身2、3号特高频传感器出现幅值较大的特高频信号，但由于试验加压的频率并非工频，无法将电源频率与仪器同步，因此所测图谱无典型局部放电特征。但通过幅值比较，器身各处测得信号时，背景传感器并无相关信号出现，可排除外部干扰所致。

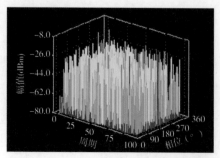
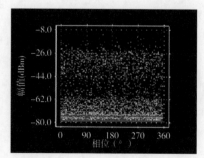

（a）1号内置传感器PRPS&PRPD

图6-26 4号主变压器A相长时感应耐压及局部放电试验加压时检测图谱（一）

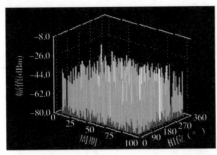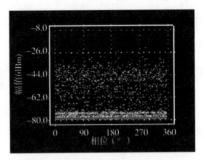

（b）2号传感器PRPS&PRPD

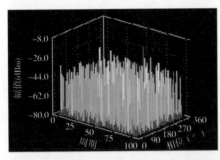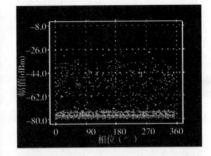

（c）3号传感器PRPS&PRPD

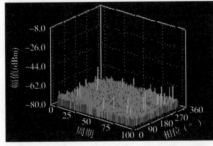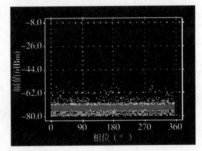

（d）4号背景传感器PRPS&PRPD

图6-26　4号主变压器A相长时感应耐压及局部放电试验加压时检测图谱（二）

（2）特高频信号频谱分析。对3号传感器特高频信号进行频谱分析，发现其呈现宽频带特征（500～1000MHz），符合局部放电宽频带分布特征。3号传感器特高频信号频谱如图6-27所示。

（3）局部放电源特高频定位。为了确定放电源位置，现场在4号主变压器A相进行脉冲局部放电试验加压时，利用高速示波器进行了特高频定位检测，示波器检测图谱如图6-28所示。

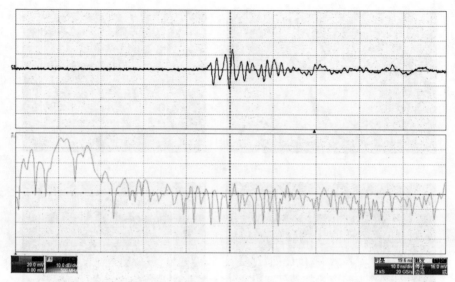

图6-27　3号传感器特高频信号频谱

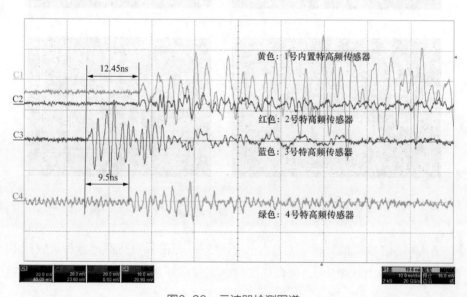

图6-28　示波器检测图谱

从图 6-28 看出，3 号传感器信号领先 1 号内置传感器信号 12.45ns，3 号传感器信号领先 4 号传感器信号 9.5ns，1 号内置特高频传感器与 2 传感器的时差基本为零。根据示波器的特高频检测图谱中两两传感器间的时差和依据特高频传感器布置图所示坐标系中的各传感器的位置坐标，可以计算信号源的位置坐标，计算结果见表 6-5。

表6-5	信号源的位置坐标	cm
坐标	位置	
X	352.5	
Y	47.5	
Z	272.5	

考虑检测时存在一定的误差，认为特高频信号源位于距 A 相主变压器底部高度约（272.5±30）cm、距 4 号主变压器 A 相东侧壁约（47.5±30）cm、距 4 号主变压器 A 相南侧壁约（352.5±30）cm 的位置。结合该台主变压器装配图，该放电源定位位置位于图 6-29 中红圈所示。

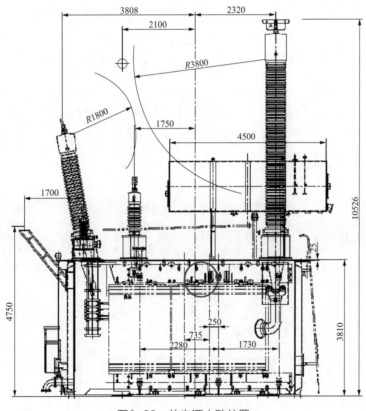

图6-29 放电源大致位置

3. 油色谱检测情况

4 号主变压器 A 相进行局部放电试验前油色谱数据中乙炔含量为 0，2018 年 2 月 2 日进行局部放电试验发现存在异常放电后，进行油样检测发现油色谱数据中出现乙炔

（下部乙炔含量为 0.24μL/L），2018 年 2 月 3 日再次取油样（试验 24 小时）发现上部乙炔含量为 0.7μL/L，明显增长且高于中、下部乙炔含量。两次检测的增长量考虑为局部放电试验后第一次取油样时间间隔较短，主变压器内部尚未进行充分的油循环。从上、中、下部油样中乙炔含量差异数据来看，4 号主变压器 A 相内部放电异常点位于上部。4 号主变压器 A 相油色谱离线检测数据见表 6-6。

表6-6   4号主变压器A相油色谱离线检测数据   μL/L

检测日期（取油部位）	H_2	CH_4	C_2H_6	C_2H_4	C_2H_2	总烃	CO	CO_2
2018 年 1 月 16 日（下）	0	1.46	0	0	0	1.46	10.57	124.56
2018 年 2 月 2 日（下）	1.04	0.73	0.20	1.00	0.24	2.17	3.54	144.15
2018 年 2 月 3 日（上）	2.66	1.03	0.13	0.48	0.77	2.41	3.15	71.45
2018 年 2 月 3 日（中）	1.47	1.15	0.10	0.26	0.31	1.82	3.06	81.54
2018 年 2 月 3 日（下）	1.62	1.15	0.11	0.29	0.34	1.89	3.23	115.59

参考 DL/T 722—2014《变压器油中溶解气体分析和判断导则》，采用三比值法对表 6-7 所列的 4 号主变压器 A 相离线油色谱离线检测数据进行分析，判断故障类型为电弧放电或电弧放电及过热。

表6-7   4号主变压器A相油色谱离线检测数据三比值分析

检测日期（取油部位）	C_2H_2/C_2H_4	CH_4/H_2	C_2H_4/C_2H_6	故障类型
2018 年 2 月 2 日（下）	1	0	2	电弧放电及过热
2018 年 2 月 3 日（上）	1	0	1	电弧放电
2018 年 2 月 3 日（中）	1	0	1	电弧放电
2018 年 2 月 3 日（下）	1	0	2	电弧放电及过热

四、解体检查情况

（1）对该变压器器身进行全面外观检查，检查部位包括：中压引线、上夹件钢接带、低屏接地、分接开关引线及连接、高压出线装置、铁芯及夹件接地引线、中压线圈上部线端和串联线圈引出线、芯柱线圈外围纸板、芯柱线圈高压侧压板及副压板表面，均未发现异常。

（2）拆除上夹件垫块时，发现芯柱靠近中压出线处垫块存在明显放电痕迹，垫块放电痕迹如图6-30所示，放电形成的孔洞直径1mm，深2～3mm；与垫块对应的夹件支板护套存在放电痕迹且已击穿，支板护套放电痕迹如图6-31所示；检查支板表面未发现任何尖角毛刺。

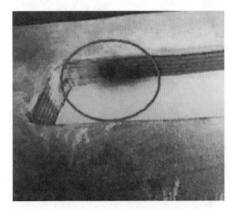 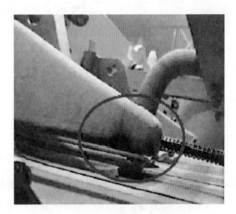

图6-30　垫块放电痕迹　　　　　　　图6-31　支板护套放电痕迹

五、综合分析

解体检查发现放电位置位于芯柱靠近中压出线处垫块与支板护套处，该处存在两层支板护套（经厂家核实，因安装时第一层支板护套破损，对破损部位进行切除并加装第二层护套），与其他位置支板护套不同。该放电点位置与现场定位位置一致，与夹件接地高频电流信号特征相吻合。

从检查及现场检测情况推断，垫块与支板护套之间可能存在异物，在高场强作用下，异物附近的绝缘材料因局部放电逐渐碳化导致垫块与支板护套烧穿。

第七章
避雷器带电检测技术

第一节　避雷器带电检测技术基本原理

在系统正常运行电压下，金属氧化锌避雷器（metal oxide arrester，MOA）的总泄漏电流由阀片泄漏电流、绝缘杆泄漏电流和瓷套泄漏电流三个部分组成。当避雷器正常运行时，通过阀片的电流是总泄漏电流的主要成分，因此也可以认为通过阀片的电流就是避雷器的总泄漏电流。

金属氧化锌避雷器的阀片相当于一个非线性电阻和电容组成的并联电路，在正常持续运行电压下，避雷器的全电流（持续泄漏电流）由容性电流和阻性电流两部分共同组成，其中容性电流占全电流的大部分，阻性电流只占全电流的一小部分，约为10%~20%。金属氧化锌避雷器的等效电路图和向量关系图如图7-1所示。

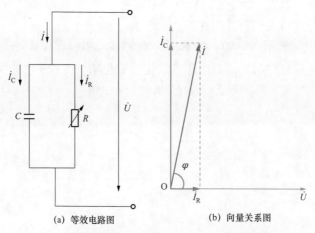

(a) 等效电路图　　　　(b) 向量关系图

图7-1　金属氧化锌避雷器等效电路图及向量关系图

金属氧化锌避雷器持续泄漏电流中，容性电流的大小仅对电压分布有意义，阻性电流则是造成金属氧化锌阀片发热的原因。良好的金属氧化锌避雷器虽然在运行中长期承受工频运行电压，但因流过的持续泄漏电流通常远小于工频参考电流，引起的热效应极其微小，不至于会引起避雷器性能的改变。但是，当避雷器阀片老化、内部绝缘部分受损、因密封不良而导致内部受潮或者瓷套表面严重污秽时，容性电流变化不多，而阻性电流将大大增加，从而可能导致热稳定破坏，造成避雷器损坏。所以，测量全电流和阻性电流是氧化锌避雷器现场带电检测的主要方法。

第二节　避雷器现场带电检测与判断

一、现场检测要求

1. 人员要求

（1）熟悉现场安全作业要求，能严格遵守电力生产和工作现场的相关安全管理规定。

（2）了解现场检测条件，明确各检测点位置，熟悉高处检测作业时的安全措施。

（3）作业人员身体状况和精神状态良好，未出现疲劳困乏或情绪异常。

（4）了解避雷器的结构特点、工作原理、运行状况和导致设备故障分析的基本知识。

（5）熟悉避雷器带电检测技术的基本原理、诊断方法和缺陷定性的方法，了解避雷器带电检测仪的工作原理、技术参数和性能，掌握避雷器带电检测仪的操作程序和使用方法。

（6）接受过避雷器带电检测的培训，具备现场测试能力，并具有一定的现场工作经验。

2. 安全要求

（1）应严格执行 Q/GDW 1799.1—2013《国家电网公司电力安全工作规程（变电部分）》的相关要求。

（2）检测至少由两人进行，并严格执行保证安全的组织措施和技术措施。

（3）必要时设专人监护，监护人在检测期间应始终行使监护职责，不得擅离岗位或兼职其他工作。

（4）应确保操作人员及测试仪器与电力设备的高压部分保持足够的安全距离。

（5）测试现场出现明显异常情况时（如异音、电压波动、系统接地等），应立即停止测试工作并撤离现场。

3. 环境要求

（1）环境温度：−10 ~ +55℃。

（2）环境湿度：相对湿度不大于 85%。

（3）大气压力：80~110kPa。

（4）室外检测应避免雷电、雨、雪、雾、露等天气条件。

4. 仪器要求

（1）性能要求。

1）全电流测量范围：100μA~50mA，测量误差 ±1% 或 ±1μA。

2）阻性电流测量范围：100μA~10mA。

（2）功能要求。在避雷器正常运行情况下，能够检测避雷器的全电流、阻性电流基波及其谐波分量、有功功率值。

1）基本功能要求。

a. 可显示全电流、阻性电流、功率损耗。

b. 可进行参数设置、数据存储、数据导出和数据打印等功能。

c. 可对充电电池供电，充满电单次供电时间不低于 4h。

d. 可手动设置由于相间干扰引起的偏移角，消除干扰。

e. 具备电池电量显示及低电压报警功能。

2）高级功能要求。

a. 可显示参考电压、全电流、容性电流值，以及阻性电流基波及 3、5、7 次谐波分量。

b. 可以自动边相补偿消除相间干扰。

c. 可以实现参考电压信号的无线传输。

d. 可以实现同时测量三相避雷器的阻性电流，并自动补偿相间干扰，也可以单相测量。

二、检测方法

1. 检测准备

根据试验性质、设备参数和结构，确定试验项目，编写现场电气试验执行卡；了解现场试验条件，落实试验所需配合工作；组织作业人员学习作业指导书，使全体作业人员熟悉作业内容、作业标准、安全注意事项；收集被测避雷器设备历次停电试验和带电检测数据、历史缺陷、家族性缺陷、运行工况（在线监测数据、不良工况、负荷状况）等资料信息，分析设备状况；必要时，开展作业现场勘查；准备好现场试验工作所使用的工器具和仪器仪表，保证所用仪器仪表良好，有校验要求的仪表应在校验周期内，必要时需要对带电检测仪器进行充电。

开始避雷器带电检测前，应准备好以下仪器及主要辅助工器具：

（1）避雷器带电测试仪及其附件。

（2）万用表。

（3）绝缘手套。

（4）温湿度计。

2. 常规巡检

常规巡检流程主要包括避雷器外观检查、泄漏电流表检查等工作。

（1）避雷器外观检查。检查避雷器外观是否有异常、污秽等情况，设备情况应符合 Q/GDW 1168—2013《输变电设备状态检修试验规程》中的相关要求，并记录避雷器相间及临近设备的布置情况。

（2）泄漏电流表检查。检查泄漏电流表是否有损坏，并记录泄漏电流在线监测数值和动作次数。

3. 现场检测

（1）将避雷器带电检测仪主机可靠接地。

（2）确认避雷器带电检测仪电量充足，必要时准备电源充电；主机和电压隔离器都可以边充电边工作，但是不要在充电指示灯闪烁时工作。

（3）电压隔离器不插信号插头无法通电；使用无线传输时应先插上天线，再打开发射开关；将电压隔离器放到电压互感器端子箱上比放到地面上能增加发射距离。

（4）取参考电压信号：单项参考电压接电压隔离器 A（黄）通道，三相对应接 A（黄）、B（绿）、C（红），接线时确保测量信号线完好无损，测量期间应避免电压互感器二次端子短路。

（5）参考电压信号接好后，打开主机查看参考电压值和相位是否正确。

（6）取全电流：首先将测取全电流的信号线与主机连接；取电流信号时应先接避雷器泄漏电流表的接地端，再接高压端，并观察泄漏电流表指针是否归零。若避雷器没有安装泄漏电流表，则需要加装临时接地线再取电流信号。

（7）电压信号和电流信号线接好后，设置避雷器带电检测仪参数。

（8）记录数据：记录全电流有效值、阻性电流有效值、阻性电流峰值、阻性电流基波峰值、阻性电流三次谐波峰值、电压电流夹角、相邻间隔设备运行情况以及现场环境温湿度，并注意避雷器外瓷套表面状况及相间干扰对测试结果的影响。

（9）测试完毕，仪器关机后应先将测试信号线拆除再拆仪器接地线。在拆除测试信号线时，先拆泄漏电流表高压端，再拆接地端，最后拆除主机接地线，整理检测仪器。

（10）测试结束后，恢复被试设备以及二次电压端子箱原来的状态，检查和清理现场。

避雷器带电检测仪接线示意图如图 7-2 所示。

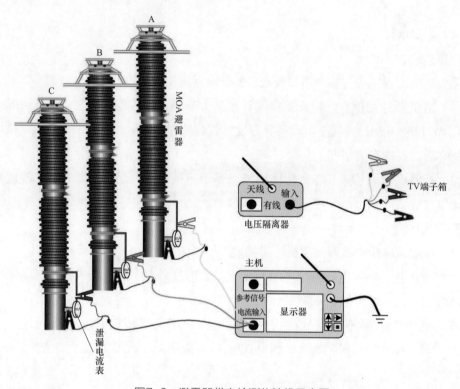

图7-2　避雷器带电检测仪接线示意图

4. 检测终结

工作班成员应整理原始记录，由工作负责人确认检测项目齐全，核对原始记录数据是否完整、齐备，并签名确认。检测工作完成后，应编制检测报告，工作负责人对其数据的完整性和结论的正确性进行审核，并及时向上级专业技术管理部门汇报检测项目、检测结果和发现的问题。

三、诊断方法

1. 数据分析

（1）纵向比较法。与前次或初始值比较，阻性电流初值差应不大于50%，全电流初值差应不大于20%。当阻性电流增加 0.5 倍时应缩短试验周期并加强监测，增加 1 倍时应停电检查。

（2）横向比较法。同一厂家、同一批次、同相位的产品，避雷器各参数应大致相同，彼此应无显著差异。如果全电流或阻性电流差别超过70%，即使参数不超标，避雷器也有可能异常。

（3）综合分析法。当怀疑避雷器泄漏电流存在异常时，应排除各种因素的干扰，并结合红外精确测温、高频局部放电测试结果进行综合分析判断，必要时应开展停电诊断试验。

2. 结果分析

在进行避雷器泄漏电流检测数据结果分析时，应综合全电流、阻性电流基波分量、阻性电流谐波分量、电压电流夹角等测量结果，判断避雷器运行状况。

（1）全电流数据。根据 Q/GDW 1168—2013 中的相关要求，并记录避雷器相间及临近设备的布置情况。全电流是避雷器必须检测的电气基本参数。全电流价值主要体现在避雷器有较大的故障或老化比较严重时有明显增大，但其对早期的老化或受潮反应不灵敏，因为全电流中阻性电流所占比例较小，对阻性电流的变化反应不灵敏，就算是有反应也容易被测量的分散性所掩盖，导致无法正确判别。

避雷器的全电流在线测试判断依据应以在设备投入运行时的首次测量数据为基础，并与之后的定期测量数据进行比较。

（2）阻性电流峰值以及各谐波分量数据。阻性电流峰值是初步判断避雷器性能的重要标准，按标准规定阻性电流峰值比初始值增加50%时，应停电检查。

由于避雷器的各个检测量在判断其缺陷方面有一定的局限性，因此判断避雷器性能的正确方法是对各个检测量进行综合分析：当测试发现避雷器的全电流有效值 I_X 和阻性电流峰值 I_{rp} 有明显增加，说明避雷器发生了劣化，此时则比较阻性电流基波分量 I_{r1p} 和三次谐波分量 I_{r3p} 的变化趋势，若 I_{r1p} 增大、I_{r3p} 无明显变化，说明避雷器受潮、污秽；若 I_{r3p} 增大、I_{r1p} 无明显变化，说明避雷器阀片老化。

内部阀片劣化或受潮导致的阻性电流增加与瓷套表面污秽导致阻性电流增加有本质区别，避雷器阀片劣化或受潮时阻性电流增加的特点是阻性电流长期增加不会因时间的增加而减小，如发现避雷器在一段时间内阻性电流增加，则有可能是避雷器外套表面积污严重。

（3）电压电流夹角对应结论见表7-1。

表7-1　　　　　　　　　　　电压电流夹角对应结论

结论	劣	差	中	良	优	有干扰
φ	0°～74.99°	75°～76.99°	77°～79.99°	80°～82.99°	83°～87.99°	≥88°

3. 误差分析

在进行避雷器泄漏电流的分析判断时，要充分考虑外界环境因素对测试结果的影响，确保分析正确。

（1）瓷套外表面受潮污秽的影响。瓷套外表面受潮污秽引起的泄漏电流，如果不加屏蔽环，将进入测量仪器，使测量结果偏大。解决的方法通常是在避雷器最下面的瓷套上加装接地的屏蔽环，将瓷套表面泄漏电流屏蔽流入大地。

（2）温度的影响。由于避雷器的氧化锌电阻片在小电流区域具有负的温度系数及避雷器内部空间较小，散热条件较差，有功损耗产生的热量会使电阻片的温度高于环境温度，这些都会使避雷器的阻性电流增大。因此在进行检测数据的纵向比较时应充分考虑该因素。

（3）湿度的影响。湿度比较大的情况下，会使避雷器瓷套外表面泄漏电流明显增大，同时引起避雷器内部阀片的电位分布发生变化，使芯体电流明显增大，严重时芯体电流增大 1 倍左右，瓷套表面电流会呈几十倍增加。

（4）相间干扰的影响。对于一字排列的三相避雷器，在进行泄漏电流带电检测时，由于相间干扰的影响，A、C 相电流相位都要向 B 相方向偏移，一般偏移角度 2°～4°，这将导致 A 相阻性电流增加，C 相变小甚至为负。相间干扰原理如图 7-3 所示。

相间干扰对测试结果有影响，但并不影响测试结果的有效性。通过与历史数据进行比较，能较好地反映避雷器的运行情况。

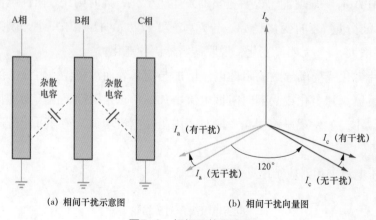

(a) 相间干扰示意图   (b) 相间干扰向量图

图7-3　相间干扰原理图

（5）谐波的影响。电网含有的电压谐波，会在避雷器中产生谐波电流，导致无法准确检测避雷器自身的谐波电流。

（6）电磁场的影响。测试点的电磁场较强时，会影响电压与总电流的夹角，从而会使测得的阻性电流峰值数据不真实，给测试人员正确判断避雷器的质量状况带来不利影响。

四、判断标准

国家电网公司 Q/GDW 1168—2013 中明确提出的避雷器运行中持续电流检测（带电）的检测周期和检测要求见表 7-2。

表7-2　　　　避雷器运行中持续电流检测（带电）的检测周期和检测要求

例行试验项目	基准周期	要求	说明
运行中持续电流检测（带电）	110（66）kV 及以上：1 年	阻性电流初值差 ≤ 50%，且全电流 ≤ 20%	具备带电检测条件时，宜在每年雷雨季节前进行本项目。 通过与历史数据及同组间其他金属氧化锌避雷器的测量结果相比较做出判断，彼此应无显著差异。当阻性电流增加 0.5 倍时，应缩短试验周期并加强监测，增加 1 倍时应停电检查

五、注意事项

1. 安全注意事项

（1）开始工作前，工作负责人应对全体工作班成员详细交代工作中的安全注意事项、带电部位。

（2）进入工作现场，全体工作人员必须正确佩戴安全帽，穿绝缘鞋。

（3）雷雨天气严禁作业。

（4）登高作业时，应选择绝缘梯子，使用前要检查梯子有否断档开裂现象，梯子与地面的夹角应在 60° 左右，梯子应放倒两人搬运，举起梯子应两人配合防止倒向带电部位。

（5）在梯子上作业，必须用绳索绑扎牢固，梯子下部应派专人扶持，并加强现场安全监护。

（6）梯子上作业应使用工具袋，严禁上下抛掷物品。

（7）根据带电设备的电压等级，全体工作人员及测试仪器应注意保持与带电体的安全距离不应小于 Q/GDW 1799.1—2013《国家电网公司电力安全工作规程（变电部分）》中规定的距离，防止误碰带电设备。

（8）专责监护人在检测期间应始终行使监护职责，不得擅离岗位或兼职其他工作。

2. 检测注意事项

（1）在进行检测前，应注意避雷器带电检测仪主机和电压隔离器电量是否充足。

（2）在接入电流信号时，试验操作人员严禁用手直接接触泄漏电流表上端引线，先接接地端再接高压端，应正确使用绝缘接线夹，接线端应紧固可靠，并设专人监护，确认后再操作。

（3）短接泄漏电流表的计数器时，电流表指针应该回零，否则应用万用表测量计数器两端电压判断其是否为低阻计数器。对于低阻计数器需采用高精度钳形电流传感器采样。当计数器与在线电流表分离时，应同时短接电流表和计数器。

（4）在接入电压信号时，试验操作人员严禁用手直接接触电压互感器二次接线端子，注意二次电压端子严禁短接，正确使用绝缘接线夹，接线端应紧固可靠，并设专人监护，确认后再操作。

（5）试验时仪器外壳必须可靠接地，试验仪器与设备的接线应牢固可靠。

（6）拆除接线时，应拆除其他测试线后，再拆除接地线。

第三节　案例分析

【例 7-1】相间及临近带电设备对避雷器带电检测干扰分析

一、异常概况

某 500kV 变电站 2 号主变压器 50116 避雷器，产品型号为 Y20W-420/1046W。2014 年 11 月 28 日，例行带电检测时发现该避雷器 B 相泄漏电流阻性分量异常，2014 年 12 月 18 日又对该避雷器进行了复测，检测结果无明显区别。2015 年 1 月 9 日，将该避雷器 B 相更换为另一生产厂家生产的产品，型号为 Y20W2-420/1046B1。2015 年 1 月 28 日，对更换后的避雷器进行了阻性电流复测，发现阻性电流与更换前的避雷器检测结果基本相同，通过综合避雷器更换前后的检测结果以及现场避雷器布置情况，并考虑相邻设备的影响，确定 2 号主变压器 50116 避雷器 B 相阻性电流异常原因为相间及临近设备干扰所致。

二、检测分析方法

1. 泄漏电流带电检测

2014 年 11 月 28 日，检测人员对某 500kV 变电站开展带电检测。检测过程中发现 2 号主变压器 50116 避雷器 B 相泄漏电流阻性分量异常，与 A、C 相相比 B 相阻性电流明显偏大，电压电流夹角偏小，检测结果见表 7–3。

表7–3 2号主变压器50116避雷器B相阻性电流检测数据

设备名称	相别	$\varphi(°)$	I_x(mA)	I_r(mA)	I_{rp}(mA)	I_{r1p}(mA)	I_{r3p}(mA)	参考电压互感器
2 号主变压器 50116 避雷器	A	87.87	1.432	0.071	0.141	0.074	0.049	2 号主变压器 50116 电压互感器
	B	74.61	1.530	0.409	0.620	0.574	0.042	
	C	87.72	1.794	0.089	0.165	0.100	0.046	

注 时间：2014 年 11 月 28 日，天气：阴，环境温度：17℃，湿度：55%。

2014 年 12 月 18 日，对异常避雷器组泄漏电流进行复测，发现与前一次检测结果无明显区别。检测结果见表 7–4。

表7–4 2号主变压器50116避雷器B相阻性电流检测复测数据

设备名称	相别	$\varphi(°)$	I_x(mA)	I_r(mA)	I_{rp}(mA)	I_{r1p}(mA)	I_{r3p}(mA)	参考电压互感器
2 号主变压器 50116 避雷器	A	89.48	1.408	0.055	0.120	0.013	0.043	2 号主变压器 50116 电压互感器
	B	75.26	1.502	0.385	0.576	0.539	0.036	
	C	89.45	1.832	0.068	0.141	0.025	0.042	

注 时间：2014 年 12 月 18 日，天气：晴，环境温度：6℃，湿度：48%

将 2 号主变压器 50116 避雷器 B 相更换为另一生产厂家型号为 Y20W2–420/1046B1 的避雷器后，对更换后的避雷器进行了阻性电流检测，发现阻性电流与更换前的避雷器结果基本相同，检测结果见表 7–5。

表7–5 2号主变压器50116避雷器B相更换后阻性电流检测数据

设备名称	相别	$\varphi(°)$	I_x(mA)	I_r(mA)	I_{rp}(mA)	I_{r1p}(mA)	参考电压互感器
2 号主变压器 50116 避雷器	A	88.87	1.372	0.057	0.037	0.027	2 号主变压器 50116 电压互感器
	B	74.25	0.669	0.184	0.256	0.008	
	C	88.89	1.740	0.073	0.052	0.035	

注 时间：2015 年 1 月 28 日，天气：晴，环境温度：7℃，湿度：50%。

2.高频局部放电检测

2014 年 11 月 28 日及 12 月 18 日，对 2 号主变压器 50116 避雷器进行高频局部放电检测，结果显示 B 相避雷器的检测图谱存在间断信号，其他避雷器则未见异常，检测结果如图 7-4 所示。2015 年 1 月 28 日对更换后的避雷器进行高频局部放电检测，未发现异常。

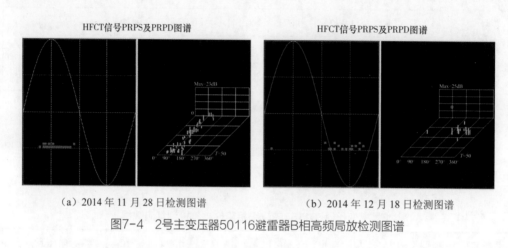

（a）2014 年 11 月 28 日检测图谱　　　　　（b）2014 年 12 月 18 日检测图谱

图7-4　2号主变压器50116避雷器B相高频局放检测图谱

三、综合分析及结论

更换之后的新避雷器直流泄漏电流试验合格，试验数据见表 7-6。然而避雷器更换之后，泄漏电流阻性电流分量基本没有大的变化，而且新更换的避雷器高频局部放电无典型的局部放电波形特征，初步怀疑数据异常可能为外部干扰所致。

表7-6　　　　　　　　　　　　新避雷器直流泄漏电流检测数据

设备名称	位置	U_{1mA}（kV）	$I_{0.75\ U1mA}$（μA）
2 号主变压器 50116 避雷器 B 相	上节	197.4	17
	中节	197.6	12
	下节	197.7	10

针对 B 相避雷器泄漏电流表两端的电压进行了测量，电压值为 3.96V，符合带电检测试验仪器规定的大于 1V 的要求，其他 A、C 两相分别为 6.76V 和 7.38V。由于更换前后避雷器的厂家不同，全电流也不同，A、C 相全电流为 1.6mA 左右，B 相为 0.7mA 左右，而泄漏电流表型号厂家一样，其内阻相同，根据 $R = U/I$ 计算可知，泄漏电流表

两端电压无异常。避雷器支架的接地经检测也未发现异常。

该 500kV 变电站 2 号主变压器 50116 避雷器现场布置情况比较特殊，相邻串内设备排列与避雷器排列为平行布置，其中串内 C 相隔离开关均压环与 B 相避雷器最小的距离为 4.4m，与 A 相避雷器离最近的设备为 C 相断路器，距离为 4.95m。鉴于避雷器在进行带电检测时，临近带电设备会带来一定的干扰，因此初步怀疑 B 相避雷器角度及阻性电流等数据异常是 C 相串内设备与 B 相距离较近的影响产生，50116 避雷器现场布置现场如图 7-5 所示。

图7-5　2号主变压器50116避雷器现场布置情况

避雷器带电检测是通过检测全电流 i，阻性电流 i_R，角度 φ（如图 7-6 所示），容性电流 i_C 及相关基波，1、3、5 次谐波分量值来进行综合分析判断避雷器受潮劣化情况。在实际现场检测时，存在多种的干扰因素，如果周围带电设备距离较近，空间耦合电容较大，则会造成实际检测数据的偏离，并可能引起相应的误判断等。

1. 忽略相邻 C 相串内设备影响因素分析

忽略相邻 C 相串内设备影响因素，只考虑本组避雷器之间的相间干扰，即认为三相避雷器呈一字排列，如图 7-7 所示。对于 A 相避雷器，由于 B、C 相对 A 相存在耦

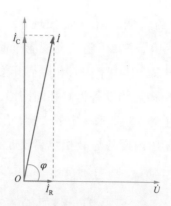

图7-6 避雷器带电检测向量图

合的空间杂散电容电流（其中 B 相与 A 相距离近，空间杂散电容 C 大，相对耦合容性电流大；C 相与 A 相距离远，空间杂散电容 C 小，相对耦合容性电流小），A 相实测得的全电流比实际全电流滞后，即 φ 减小，即图 7-8 中的 I_A' 滞后于 I_{AA}，φ 角实测为 φ_A'，实测阻性电流比实际值偏大，为 I_{AR}'，实测全电流减小，为 I_A'。同理，C 相实测全电流比实际全电流超前，即 φ 增大，为 φ_C，实测阻性电流比实际值偏小，实测全电流减小。对于 B 相，它同时受到 A、C 两相的耦合干扰，两者的耦合电容电流在相位上相差 120°，其与实际全电流叠加的结果是 B 相实测全电流容性分量减小，而阻性分量基本不变，实测全电流变小。当 A、C 相避雷器的 φ 产生 2°～5° 的偏移，即 A 相 φ 减小 2°～5°、C 相 φ 增加 2°～5°。假设该组避雷器出厂时的 $\varphi=85°$，边相影响偏移 3°，则 $\varphi_A=82°$，$\varphi_B=85°$，$\varphi_C=88°$。不考虑串入 C 相设备时的 A、B、C 三相全电流向量图如图 7-8 中的红色部分。

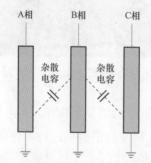

图7-7 避雷器相间干扰（一字排列）

2. 考虑相邻 C 相串内设备影响因素分析

根据现场设备实际情况，近距离 C 相串内设备电压造成 C 相对 B、C 相设备空间杂散电容的变化，可认为对 B、C 相耦合电容 C 增大（对 B 影响最大），则干扰的容性电流也相应地增大，即 I_{CA}、I_{CB} 增大，由此造成 A、B 相的全电流值及相应的 φ 角发生变化。

对于 B 相避雷器，I_{CB} 增大，I_{AB} 基本保持不变，则合成后的 I_B 如图 7-8 中黄色部分，相比较于 I_B'，I_B 滞后一定的角度，如果现场实际干扰情况影响达到一定程度（I_{CB} 较大，与距离因素等有关），则很有可能造成 I_B 严重滞后，从变电站现场来看，滞后 11° 是可能的，此时就会出现 φ 严重偏小，只有 74°，因此仪器根据角度关系便判断为严重劣化情况。

对于 A 相避雷器，I_{CA} 增大，I_{BA} 基本保持不变，则合成后的 I_A 如图 7-8 中黄色部分，相比较于 I_A'，I_A 超前一定的角度，即 φ 角相应的增大，现场观察发现，C 相设备离 A 相避雷器相对较远，并且附近存在接地支柱的影响，可认为 C 相对 A 相的影响没有 B 相大，可能干扰影响小，其角度可能只增大 6° 左右，则 $\varphi_A = 82° + 6° = 88°$，则与实际现场数据相符合。经过拆除的旧避雷器进行仿真检测，也得到了验证。

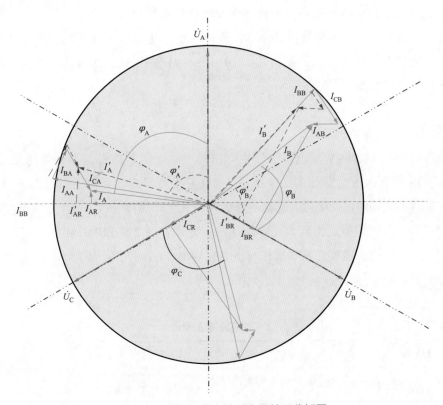

图7-8 避雷器带电检测向量关系分析图

四、结论及建议

根据 2 号主变压器 50116 避雷器 B 相更换前后的泄漏电流检测数据，并结合对避雷器相间及临近设备的影响因素的分析，在进行避雷器阻性电流带电测试时，由于现场电磁环境的复杂性，对检测结果的影响也是多样性的，从而可能导致缺陷的误判或者漏判。因此，单凭某次的检测数据不能完全反映避雷器的真实运行情况，应该结合历次带电检测数据和在线监测数据，分析全电流和阻性电流的变化趋势，必要时通过设备停电进行直流泄漏试验，从而对设备的状态进行全面的分析判断。

【例 7-2】500kV 避雷器红外发热异常分析

一、异常概况

2016 年 7 月 15 日，检测人员对某 500kV 变电站 3 号主变压器 500kV 侧避雷器进行带电检测，高频局部放电和紫外检测未发现存在明显异常，但红外测温发现避雷器 B 相上节整体发热，且无明显局部热点。确认 3 号主变压器 500kV 侧避雷器 B 相存在异常后，随即对其进行更换处理，并于 2016 年 8 月 2～3 日，在避雷器生产厂家人员见证下对该避雷器进行了解体工作。

二、参数信息及结构设计

检测对象为某 500kV 变电站 3 号主变压器 500kV 侧避雷器，设备信息见表 7-7，其整体及内部结构示意图如图 7-9 所示。3 号主变压器 500kV 侧避雷器由三节组成，每节避雷器主要部件包括法兰、瓷套、隔弧筒、氧化锌阀片（17 片）、法兰等。为均匀电压分布，上节和中节避雷器氧化锌阀片两端分别并联 2 柱和 1 柱均压电容，下节氧化锌阀片无并联均压电容；其中每柱均压电容均由 36 个额定值为 700pF 的大电容串联而成。

表7-7　　　　　　　　　　　　　　被测设备信息

电压等级	设备名称	设备型号	出厂日期
500kV	3 号主变压器 500kV 侧避雷器	Y20W5-420/1006	2009 年 5 月 1 日

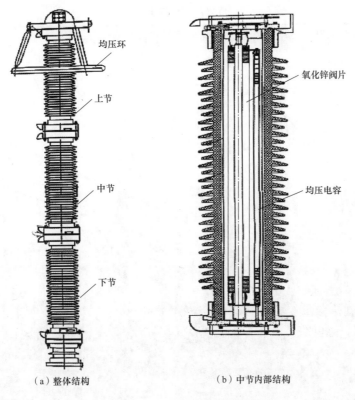

（a）整体结构　　　　　　　　　　（b）中节内部结构

图7-9　避雷器结构示意图

三、解体前试验分析

为深究设备运行情况下温度异常的原因，电气试验人员综合带电检测和停电试验方法对避雷器进行了试验分析。

1. 带电测试

（1）红外测温检测。采用红外测温仪对 3 号主变压器 500kV 侧避雷器进行精确测温，检测数据见表 7-8。由红外图谱看出，A、C 相避雷器表面最高温度由上至下近似呈递减趋势，而 B 相表面最高温度呈现上节与下节温度高于中节的 U 形分布，其上节最高温度为 27.8℃，与中、下节间的最大温差为 1.6K，与 A、C 相上节间的最大温差为 1.1K。依据 DL/T 644—2016《带电设备红外诊断应用规范》中电压致热型设备缺陷诊断判据，属于严重缺陷。由于上节整体发热，温度分布较均匀，基本排除瓷套表面污秽严重导致泄漏电流增大使得上节避雷器发热异常的可能。

表7-8　　　　　　　　　　　　　红外热成像数据

变电站	一	测试日期	2016 年 7 月 16 日	天气	阴
环境温度	27.2℃	环境湿度	81%	风速	0.2m/s
温度异常位置：3 号主变压器 500kV 侧避雷器 B 相					

（a）3 号主变压器 500kV 侧避雷器现场布置图

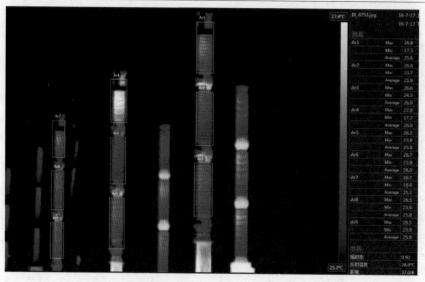

（b）3 号主变压器 500kV 侧三相避雷器单节最高温度对比图谱

续表

A 相上节	26.8℃	A 相中节	26.6℃	A 相下节	26.6℃
B 相上节	27.8℃	B 相中节	26.2℃	B 相下节	26.7℃
C 相上节	26.7℃	C 相中节	26.5℃	C 相下节	26.5℃

（c）3 号主变压器 500kV 侧三相避雷器上节最高温度对比图谱

| A 相上节 | 26.5℃ | B 相上节 | 27.5℃ | C 相上节℃ | 26.4℃ |

（2）氧化锌避雷器阻性电流带电检测。采用氧化锌避雷器带电检测仪测得其持续运行电压下的电流数据见表 7-9，从表 7-9 可以看出 3 号主变压器 500kV 侧避雷器的检测数据与历史数据对比，全电流变化不明显，阻性电流分量略有增加；与站内部分同生产厂家同型号避雷器的带电检测数据对比，全电流及各电流分量均无明显变化。

表7-9　　　　　　　　　　　　避雷器阻性电流带电检测数据

设备名称	相别	φ （°）	I_x （mA）	I_r （mA）	I_{rp} （mA）	I_{r1p} （mA）	I_{r3p} （mA）	温度	湿度	天气	检测日期
3 号主变压器 500kV 侧避雷器	A	84.67	2.185	0.238	0.410	0.286	0.033	—	—	晴	2015 年 5 月 5 日
		84.34	2.210	0.244	0.425	0.307	0.039	16℃	70%	阴	2016 年 4 月 14 日
		82.85	2.304	0.325	0.511	0.404	0.045	31.2	71%	阴	2016 年 7 月 16 日

续表

设备名称	相别	φ (°)	I_x (mA)	I_r (mA)	I_{rp} (mA)	I_{r1p} (mA)	I_{r3p} (mA)	温度	湿度	天气	检测日期
3号主变压器500kV侧避雷器	禁用补偿	79.27	2.306	0.454	0.711	0.605	0.046	31.2	71%	阴	2016年7月16日
	B	82.47	1.953	0.285	0.473	0.361	0.135	—	—	晴	2015年5月5日
		82.74	2.103	0.287	0.472	0.375	0.050	16℃	70%	阴	2016年4月14日
		80.76	2.198	0.380	0.613	0.498	0.063	31.2	71%	阴	2016年7月16日
	禁用补偿	80.97	2.204	0.373	0.595	0.488	0.060	31.2	71%	阴	2016年7月16日
	C	84.74	2.129	0.231	0.379	0.276	0.041	—	—	晴	2015年5月5日
		84.42	2.154	0.234	0.393	0.295	0.043	16℃	70%	阴	2016年4月14日
		82.94	2.241	0.310	0.487	0.388	0.050	31.2	71%	阴	2016年7月16日
	禁用补偿	86.50	2.241	0.196	0.312	0.192	0.050	31.2	71%	阴	2016年7月16日
宁浦5479线（同生产厂家同型号）	A	84.80	1.993	0.211	0.357	0.254	0.032	—	—	晴	2015年5月5日
		84.42	2.019	0.221	0.376	0.277	0.041	16℃	70%	阴	2016年4月14日
		82.69	2.120	0.303	0.485	0.380	0.048	31.2	71%	阴	2016年7月16日
	B	84.93	1.929	0.203	0.345	0.239	0.032	—	—	晴	2015年5月5日
		84.50	1.952	0.210	0.366	0.264	0.026	16℃	70%	阴	2016年4月14日
		82.65	2.043	0.292	0.455	0.368	0.036	31.2	71%	阴	2016年7月16日

续表

设备名称	相别	φ (°)	I_X (mA)	I_r (mA)	I_{rp} (mA)	I_{r1p} (mA)	I_{r3p} (mA)	温度	湿度	天气	检测日期
宁浦5479线（同生产厂家同型号）	C	84.85	1.994	0.209	0.339	0.251	0.036	—	—	晴	2015年5月5日
		84.33	2.015	0.221	0.369	0.281	0.038	16℃	70%	阴	2016年4月14日
		82.79	2.103	0.294	0.465	0.372	0.046	31.2	71%	阴	2016年7月16日
海浦5480线（同生产厂家同型号）	A	84.34	1.981	0.223	0.370	0.274	0.033	—	—	晴	2015年5月5日
		83.97	2.000	0.234	0.398	0.296	0.039	16℃	70%	阴	2016年4月14日
		82.27	2.101	0.314	0.506	0.398	0.048	31.2	71%	阴	2016年7月16日
	B	85.40	1.888	0.186	0.325	0.213	0.031	—	—	晴	2015年5月5日
		85.06	1.910	0.190	0.340	0.232	0.026	16℃	70%	阴	2016年4月14日
		83.08	2.002	0.273	0.422	0.340	0.035	31.2	71%	阴	2016年7月16日
	C	84.41	1.925	0.215	0.347	0.264	0.035	—	—	晴	2015年5月5日
		83.91	1.997	0.227	0.374	0.291	0.036	16℃	70%	阴	2016年4月14日
		82.32	2.040	0.300	0.472	0.384	0.043	31.2	71%	阴	2016年7月16日

（3）紫外检测。对该组避雷器本体进行紫外检测，如图7-10所示，未见明显电晕，说明避雷器外绝缘良好，电场分布无严重畸变。

图7-10　紫外检测图谱

（4）高频电流局部放电检测。采用局部放电检测仪对避雷器进行高频电流局部放电检测，详细检测图谱如图7-11所示，未见典型局部放电特征。

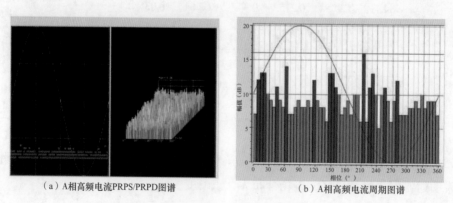

（a）A相高频电流PRPS/PRPD图谱　　　　　（b）A相高频电流周期图谱

图7-11　高频电流局部放电检测图谱（一）

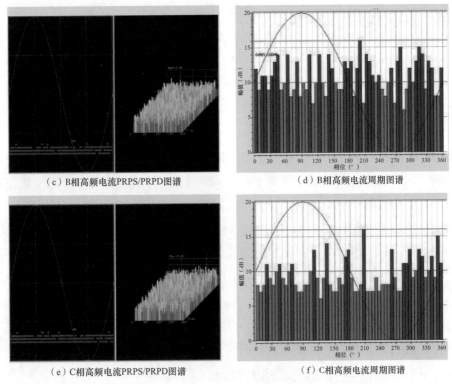

（c）B相高频电流PRPS/PRPD图谱　　　　（d）B相高频电流周期图谱

（e）C相高频电流PRPS/PRPD图谱　　　　（f）C相高频电流周期图谱

图7-11　高频电流局部放电检测图谱（二）

2. 停电检修试验

3号主变压器500kV侧避雷器于2009年11月投运，投运以来尚未进行过例行检修试验。2016年8月1日，对更换下的避雷器进行了绝缘电阻、电容量、直流1mA下电压U_{1mA}及$0.75U_{1mA}$下的泄漏电流试验、工频参考电流下工频参考电压试验，详细数据见表7-10。由表7-10看出，绝缘电阻、直流1mA下电压U_{1mA}及$0.75U_{1mA}$下的泄漏电流试验、工频参考电流下工频参考电压试验数据均满足相关要求，但电容量测试发现中节电容量最高，上节次之，与设计参数不符，使得避雷器整体的电压分布不均匀系数增加。

表7-10　　　　　　　　　　　　停电诊断试验数据

序号	试验项目	上节	中节	下节
1	绝缘电阻（MΩ）	60100	60300	60200
2	直流1mA下电压U_{1mA}（kV）	193.8	195.9	195.1
	$0.75U_{1mA}$下的泄漏电流（μA）	43	19	39

序号	试验项目	上节	中节	下节
3	工频参考电流下的工频参考电压 U_{ref}（kV）	> 140	> 140	> 140
4	电容量（pF）	112.8	124.4	92.1

通过停电试验数据可知：①绝缘电阻、直流 1mA 下电压 U_{1mA} 及 $0.75U_{1mA}$ 下的泄漏电流试验、工频参考电流下的工频参考电压试验数据良好，说明避雷器绝缘状况良好，整体应不存在密封不严导致的受潮、腐蚀等问题；②直流 1mA 下电压 U_{1mA} 及 $0.75U_{1mA}$ 下的泄漏电流试验和工频参考电流下的工频参考电压试验数据良好，说明内部氧化锌阀片性能良好，基本不存在受潮、老化等问题；③电容量与制造厂标准要求比较发现，上节电容量偏小，而中节电容量偏大，说明均压电容可能存在问题。

综合带电和停电试验数据，分析认为造成 3 号主变压器 500kV 避雷器 B 相上节发热的原因可能为三节避雷器分压不均：①上节避雷器电容性能下降、内部电容接点接触不良等缺陷导致上节电容量减小，同时，中节部分均压电容击穿导致电容量增大；②上节与中节避雷器内均压电容安装顺序颠倒。

四、解体检查及试验

2016 年 8 月 2～3 日，试验人员对异常避雷器进行了解体检查及试验。

1. 外观检查

避雷器金属法兰无锈蚀、异物，瓷套完整无裂纹。

2. 解体检查

解体时取下避雷器底部法兰螺栓可听到明显漏气声；吊离瓷套，发现螺栓安装孔处存在轻微水迹，但密封圈半径以内无受潮痕迹。上述信息表明避雷器密封性能良好，受潮可能性不大。

取下隔弧筒后，发现上节氧化锌阀片并联 1 柱均压电容［如图 7-12（c）所示］，中节氧化锌阀片并联 2 柱均压电容［如图 7-12（d）所示］与结构参数设计要求上节和中节避雷器氧化锌阀片两端分别并联 2 柱和 1 柱均压电容不符，表明避雷器设备出厂或安装时，上节与中节避雷器安装顺序颠倒。

3. 解体后试验

为确认内部元件性能是否良好，排除均压电容元件本身性能影响，取下瓷套及隔弧筒后，试验人员针对均压电容进行了绝缘电阻、电容量测试，数据见表 7-11。

（a）外观　　　　　　　（b）下部法兰

（c）上节　　　　　　　（d）中节

图7-12　解体现场照片

表7-11　　　　　　　　　　　　解体后停电诊断试验数据

序号	测量部位	测量元件	绝缘电阻（MΩ）	电容量（pF）	相对介损
1	上节	氧化锌阀片并联均压电容	73300	94.29	6.01%
2	中节	氧化锌阀片并联两柱均压电容	71300	112.0	5.058%
3		氧化锌阀片并联均压电容柱1	80600	94.29	5.915%
4		氧化锌阀片并联均压电容柱2	74600	94.40	5.938%

　　通过以上试验数据可知：①绝缘电阻均满足 GB 50150—2016《电气装置安装工程电气设备交接试验标准》规定的 2500MΩ 的要求；②上节和中节每一柱均压电容的电容量在 94.29～94.40pF 以内，数据一致性较好；③中节并联一柱均压电容时与并联两

柱电容时电容量差值约为 17pF，与单柱均压电容的设计理论值（19pF）和现场实测值（18.65pF）均相符。

五、综合分析

通过试验及解体分析，确定导致 3 号主变压器 500kV 避雷器 B 相上节发热异常的原因为避雷器上节与中节安装顺序颠倒。

理想情况下，避雷器各节电压分布均匀。实际情况下，避雷器受对地杂散电容的影响，上节避雷器的部分泄漏电流会通过杂散电容流失，导致上节的泄漏电流会大于下节的泄漏电流，如图 7-13 所示。因此，在每节避雷器内部阀片数量相同的情况下，上节承担的电压最高，中节次之，下节最低，使得电压分布不均匀系数增加。解决此问题一般通过以下三种方法：①安装均压环，通过均压环的形状、尺寸、罩深等以补偿杂散电容造成的电流损失；②提高阀片固有电容，固有电容越大，抵抗杂散电容干扰的能力越强；③并联均压电容通过在阀片两端并联电容进行强制均压。避雷器生产早期由于受阀片制造工艺限制，一般通过安装均压环和并联电容来改善电场分布，以减小电压分布不均匀系数。3 号主变压器 500kV 避雷器 B 相就属于这种情况。

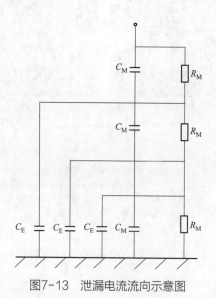

图7-13   泄漏电流流向示意图

C_M—阀片的固有电容；R_M—阀片的固有电阻；C_E—杂散电容

避雷器的上节和中节安装顺序颠倒，在一定程度上增加了上节分担的电压，降低了中节分担的电压，从而使得电压分布不均匀系数增加，进一步使得部分阀片的荷电率增加。荷电率体现阀片承受载荷电压的能力，是考核避雷器阀片性能的重要指标，根据阀片功率损耗的计算公式 $P=2\pi fCU_2\tan\delta+U_2/R$，荷电率增加意味着功率损耗增加，这也是 3 号主变压器 500kV 避雷器 B 相上节发热的原因。当荷电率超过制造厂规定值时，会导致阀片散热速率小于发热速率，发生"热崩溃"或避雷器损坏等严重后果。但从 3 号主变压器 500kV 避雷器 B 相的试验数据来看，虽然上节阀片的荷电率有所增加，导致发热异常，但显然没有超过产品设计预留的裕度。

六、结论及建议

由于 3 号主变压器 500kV 避雷器 B 相上节与中节安装顺序颠倒，使得避雷器电压分布不均匀程度增加，上节承受电压增大，导致阀片功率损耗及荷电率增加，引起上节发热。但发热量与散热量可以维持平衡状态，说明荷电率尚在产品预留裕度内。

建议：

（1）通过红外测温、电容量测试等方法加强对其他类似结构设备的检测，以发现并联均压电容的相关缺陷。

（2）因 Q/GDW 1168—2013 中，将电容量测试作为辅助诊断项目，未纳入例行试验项目。建议对装有均压电容的避雷器进行停电试验时，增加电容量测试这一试验项目。

第八章
电容型设备相对介质损耗因数及相对电容量检测技术

第一节 电容型设备相对介质损耗因数及相对电容量检测技术基本原理

一、介质损耗及电容量的基本知识

电介质在电压作用下，由于电导和极化将发生能量损耗，统称为介质损耗，对于良好的绝缘而言，介质损耗是非常微小的，然而当绝缘出现缺陷时，介质损耗会明显增大，通常会使绝缘介质温度升高，绝缘性能劣化，甚至导致绝缘击穿，失去绝缘作用。

电容型设备绝缘等值电路如图 8-1 所示，在交流电压作用下，流过介质的电流 I 由电容电流分量 I_C 和电阻电流分量 I_r 两部分组成，I_r 就是因介质损耗而产生的，I_r 使流过介质的电流偏离电容性电流的角度 δ 称为介质损耗角，其正切值 $\tan\delta$ 反映了绝缘介质损耗的大小，并且 $\tan\delta$ 仅取决于绝缘特性而与材料尺寸无关，可以较好地反映电气设备的绝缘状况。此外通过介质电容量 C 特征参数也能反映设备的绝缘状况，通过测量这两个特征量以掌握设备的绝缘状况。

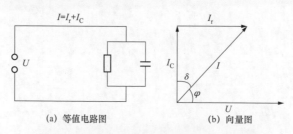

图8-1 电容型设备绝缘等值电路及向量图

电容型设备通常是指采用电容屏绝缘结构的设备，通过电容分布强制均压，其绝缘利用系数较高。电容型设备由于结构上的相似性，实际运行时可能发生的故障类型也有很多共同点，主要有以下几种：

（1）绝缘缺陷（严重时可能爆炸），主要包括设计不周全，局部放电过早发生。

（2）绝缘受潮，主要包括顶部等密封不严或开裂，受潮后绝缘性能下降。

（3）外绝缘放电，主要是爬距不够或者脏污情况下，可能出现沿面放电。

（4）金属异物放电，主要是制造或者维修时残留的导电遗留物所引起。

对于上述的几种缺陷类型，绝缘受潮缺陷约占电容型设备缺陷的 85% 左右，一旦绝缘受潮往往会引起绝缘介质损耗增加，导致击穿。

对于电容型绝缘的设备，通过对其介电特性的监测，可以发现尚处于早期阶段的绝缘缺陷。在设备绝缘的局部缺陷中，介质损耗引起的有功电流分量和设备总电容电流之比对发现设备绝缘的整体劣化较为灵敏，如包括设备大部分体积的绝缘受潮；而对局部缺陷则不易发现，测量绝缘的电容，除了能给出有关可能引起极化过程改变的介质结构的信息（如受潮或者严重缺油）外，还能发现严重的局部缺陷（如绝缘击穿），但灵敏程度也同绝缘损坏部分与完好部分体积之比有关。

二、相对介质损耗因数及相对电容量检测原理

1. 检测方法分类

按照参考相位获取方式不同，可以分为绝对测量法和相对测量法两种。

（1）绝对测量法。绝对测量法是指通过串接在被试设备 C_X 末屏接地线上，以及安装在该母线电压互感器二次端子上的信号取样单元，分别获取被试设备 C_X 的末屏接地电流信号 I_X 和电压互感器二次电压信号，电压信号经过高精度电阻转化为电流信号 I_N，两路电流信号经过滤波、放大、采样等数字处理，利用谐波分析法分别提取其基波分量，并计算出其相位差和幅度比，从而获得被试设备的绝对介质损耗因数和电容量，绝对测量法测试原理图如图 8-2（a）所示。

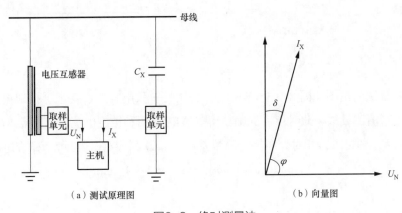

（a）测试原理图　　　（b）向量图

图8-2　绝对测量法

绝对测量法向量图如图 8-2（b）所示，利用电压互感器的二次侧电压（即假定其与设备运行电压 U_N 的相位完全相同）作为参考信号的绝对值测量法向量示意图，此时仅需准确获得设备运行电压 U_N 和末屏接地电流 I_X 的基波信号幅值及其相位夹角 φ，即可求得介质损耗因数 $\tan\delta$ 和电容量 C_X，即

$$\tan\delta=\tan（90°-\varphi）$$

$$C_X=I_X\cos\delta/\omega U_N$$

绝对值测量法尽管能够得到被测电容型设备的介质损耗因数和电容量，但现场应用易受电压互感器自身角差误差、外部电磁场干扰及环境温湿度变化的影响。

（2）相对测量法。相对测量法是指选择一台与被试设备 C_X 并联的其他电容型设备作为参考设备 C_N，通过串接在其设备末屏接地线上的信号取样单元，分别测量参考电流信号 I_N 和被测电流信号 I_X，两路电流信号经滤波、放大、采样等数字处理，利用谐波分析法分别提取其基波分量，计算出其相位差和幅度比，从而获得被试设备和参考设备的相对介质损耗因数差值和相对电容量。考虑到两台设备不可能同时发生相同的绝缘缺陷，因此通过它们的变化趋势，可判断设备的劣化情况。相对测量法测试原理图如图 8-3（a）所示。

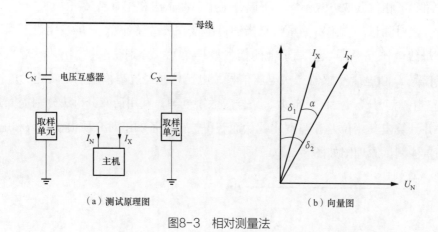

图8-3　相对测量法

相对测量法向量图如图 8-3（b）所示，利用另一只电容型设备末屏接地电流作为参考信号的相对值测量法，此时仅需准确获得参考电流 I_N 和被测电流 I_X 的基波信号幅值及其相位夹角 α，即可求得相对介质损耗因数差值 $\Delta\tan\delta$ 和相对电容量 C_X/C_N 的值，即：

$$\Delta\tan\delta=\tan\delta_2-\tan\delta_1 \approx \tan（\delta_1-\delta_2）=\tan\alpha$$

$$C_X/C_N=I_X/I_N$$

相对介质损耗因数是指在同相同电压作用下，两个电容型设备电流基波矢量角度

差的正切值（即 $\Delta\tan\delta$）。相对电容量是指在同相同电压作用下，两个电容型设备电流基波的幅值比（即 C_X/C_N）。

2. 信号取样方式及其装置

现场进行电容型设备相对介质损耗因数和相对电容量测试需要获得电容型设备的末屏（电流互感器、变压器套管）或者低压端（耦合电容器、电容式电压互感器）的接地电流，但由于电容型设备的末屏（或低压端）大都在其本体上的二次端子盒内或设备内部直接接地，难以直接获取其接地电流，因此需要预先对其末屏（或低压端）接地进行改造，将其引至容易操作的位置，并通过取样单元将其引入到测试主机。

（1）信号取样单元。信号取样单元的作用是将设备的接地电流引入到测试主机，测试准确度及使用安全性是其技术关键，必须避免对人员、设备和仪器造成伤害。目前所使用的电容型设备带电测试取样装置主要可以分为两种，即接线盒型和传感器型（其中传感器型还可以分为有源传感器和无源传感器）。

1）接线盒型电流取样单元。

接线盒型取样单元串接在设备的接地引下线中，主要功能是提供一个电流测试信号的引出端子并防止末屏（或低压端）开路，但没有信号测量功能，测试时需通过测试电缆将电流引入带电测试仪内部的高精度穿芯电流传感器进行测量，接线盒型取样单元结构及原理图如图 8-4 所示。该型取样单元主要由外壳、防开路保护器、放电管、短接连片及操作闸刀等部件构成，其中短连接片和操作闸刀并接后串接在接地引下线回路中，平常运行时短连接片和操作闸刀均闭合，构成双重保护防止开路，测量时先打开连接片并将测试线接到该接线柱，拉开操作闸刀即可开始测量。防开路保护器可有效避免因末屏（或低压端）引下线开断、测量引线损坏或误操作所导致的末屏开路，保证信号取样的安全性。

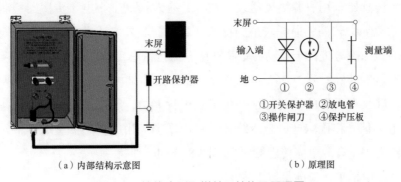

（a）内部结构示意图　　　　（b）原理图

图 8-4　接线盒型取样单元结构及原理图

接线盒型取样单元应满足以下要求：

a. 取样单元应采用金属外壳，具备优良的防锈、防潮、防腐性能，且便于安装固定在被测设备下方的支柱或支架上使用。

b. 取样单元内部含有信号输入端、测量端及短接压板等，并应采用多重防开路保护措施，有效防止测试过程中因接地不良和测试线脱落等原因导致的末屏电压升高，保证测试人员的安全，且完全不影响被测设备的正常运行。

c. 对于套管类设备的信号取样，应根据被测设备的末屏接地结构，设计和加工与之相匹配的专用末屏引出装置，并保证其长期运行时的电气连接及密封性能。

d. 对于线路耦合电容器的信号取样，为避免对载波信号造成影响，应采用在原引下线上直接套装穿芯式零磁通电流传感器的取样方式。

e. 回路导线材质宜选用多股铜导线，截面积不小于 $4mm^2$，并应在被测设备的末屏引出端就近加装可靠的防断线保护装置。

2）传感器型电流取样单元。传感器型取样单元可分为无源传感器和有源传感器两种，均采用穿芯式取样方式，就近安装在被测电容型设备的末屏（或低压端）接地引下线上，该型取样单元留有标准航空插头的插孔，平常运行时插孔有端盖密封，测量时用带有航空插头的试验引线将被测电流信号变换成电压信号，并引入测试主机进行测量。

a. 无源传感器由于激磁磁势的存在，测量误差较大，电容型设备末屏（低压端）接地电流通常为毫安级，传感器的激磁阻抗很小，而且又必须采用穿芯取样方式，角度差的微小变化，即可以引起介质损耗因数值较大的变化，故无源传感器通常无法保证相位变换误差的精确度和稳定性，难以满足介质损耗因数参数的测量要求。目前该类传感器已逐渐退出应用［无源电流传感器原理如图 8-5（a）所示］。

b. 有源传感器采用有源零磁通设计技术，有效提高了小电流传感器检测精度，除了选用起始磁导率较高、损耗较小的特殊合金作铁芯外，还借助电子信号处理技术对铁芯内部的激磁磁势进行全自动的跟踪补偿，保持铁芯工作在接近理想的零磁通状态。有源传感器能够准确检测 $100\mu A \sim 1000mA$ 范围内的工频电流信号，相位变换误差不大于 ± 0.02，并具有极好的温度特性和抗电磁干扰能力，解决了对电容型设备末屏（或低压端）电流信号精确取样的技术难题。目前现场应用的传感器型取样单元主要以有源型传感器为主［有源电流传感器原理如图 8-5（b）所示］。

传感器型取样单元应满足以下要求：

a. 采用穿芯结构，输入阻抗低，可耐受 10A 工频电流的作用以及 10kA 雷电流的冲击。

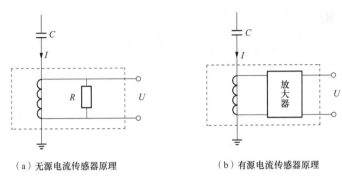

（a）无源电流传感器原理　　　　　　（b）有源电流传感器原理

图8-5　电流传感器原理

b. 采用完善的电磁屏蔽措施和先进的数字处理技术，可确保介质损耗测试结果不受谐波干扰及脉冲干扰的影响，绝对检测精度应达到 ±0.05%。

c. 采用压铸铝全封闭技术，能够较好地防潮和耐高、低温。

d. 采用即插式标准接口设计，方便操作。

3）两种取样单元的优缺点比较。目前电网中常用的取样单元主要为接线盒型和有源传感器型两种，它们各自的优缺点如下：

接线盒型取样单元的优点：

a. 结构简单。

b. 受现场电磁场干扰较小。

c. 停电例行试验时，可以通过操作取样单元内的操作闸刀来断开接地，而无须登高打开压接螺母，操作方便且安全性高。

d. 只需要对仪器主机进行定期校验即可，无需对所有取样单元进行定期校验。

e. 电流信号均采用仪器主机内置的两个高精度传感器进行测量，测试误差可以相互抵消，提高了检测的准确性。

接线盒型取样单元的缺点：

a. 整个末屏（或低压端）接地回路由于串入了操作闸刀等节点，存在断路风险，给安全运行带来隐患。

b. 现场测试时，由于需要操作操作闸刀断开末屏接地，存在操作不当造成末屏（或低压端）失去接地的风险。

有源传感器型取样单元的优点：

a. 穿芯式电流传感器串在末屏（或低压端）接地线上，整个接地回路上无断点，不会给设备运行带来风险。

b. 现场测试时，接线简单、明了，操作方便，且无人员触电风险。

有源传感器型取样单元的缺点：

a. 由于其内部采用了电子元器件，其可靠性及寿命均较差。

b. 相对于接线盒型，传感器型取样单元在接地引下回路无断开点，停电例行试验工作仍然需要登高打开末屏（或低压端）接地压接螺母，较为不便。

（2）设备末屏（或低压端）引下方式。电容型设备相对介质损耗因数和相对电容量带电检测需要将设备末屏（或低压端）进行引下改造，由于各类设备的结构不同，其引下方式也不同。

1）电流互感器、耦合电容器。这两类设备由于结构简单，其末屏引下线方式也较简单。直接将末屏接地打开，用双绞屏蔽电缆引下至接线盒型取样单元接地或穿过穿芯电流传感器接地。

2）电容式电压互感器。对于中间变压器末端（X端）接地可以打开的情况，电容式电压互感器低压端引下方式优先方案如图 8-6（a）所示，把 X 端接地打开，把电容分压器的末端（N端）和 X 端连接后引下，其优点是所有接地电流均流过测试仪器，全面反映设备绝缘状况。如果 X 端接地无法打开，电容式电压互感器低压端引下方式备用方案如图 8-6（b）所示，可以把 N 端和 X 端连接打开后，将 N 端单独引下，在这种方式下，只有大部分电流流过测试仪器，另一小部分电流经中间变压器分流入地，对设备绝缘状况的反应不如前者全面。

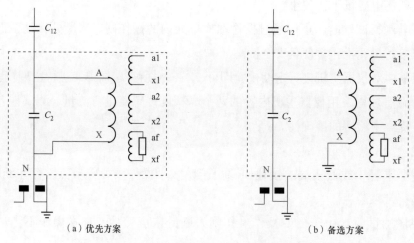

图8-6　电容式电压互感器低压端引下方式

3）变压器套管。套管末屏接地一般分为外置式、内置式和常接地式，其接地引下改造首先要保证其在运行中不会失去接地。

a. 外置式。末屏接地引出线穿过小瓷套通过引线柱（螺杆）引出，引线柱对地绝缘，外部通过接地金属连片或接地金属软线等于接地部位底座金属相连。外置式电容式电压互感器低压端引下方式如图8-7（a）所示。

b. 内置式。末屏接地引出线穿过小瓷套通过引线柱引出，引线柱对地绝缘，引线柱外加金属接地盖或接地帽，引线柱和接地盖相连，接地盖直接接地。内置式电容式电压互感器低压端引下方式如图8-7（b）所示。

c. 常接地式。末屏接地引出线穿过小瓷套通过引线柱引出，引线柱对地绝缘，引线柱外套有一个连接有弹簧装置的金属套，金属套与引线柱紧密接触，运行时金属套受内部弹簧的压力与套管内侧接地金属法兰相连，末屏可靠接地，最外部有金属护套盖保护并密封防潮。常接地式电容式电压互感器低压端引下方式如图8-7（c）所示。

（a）外置式　　　　　　　（b）内置式　　　　　　　（c）常接地式

图8-7　电容式电压互感器低压端引下方式

变压器套管末屏改造主要有两种方式，一种是对末屏帽外形加以改装，将小型化传感器型取样单元放置于改装后的末屏帽内（改装后的末屏帽如图8-8所示），另一种是对末屏头进行改造，制作专用的适配器（套管末屏专用适配器如图8-9所示）。

（a）外观图　　　　　　　　　　（b）内部结构图

图8-8　改装后的末屏帽

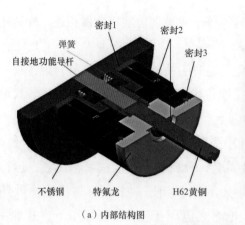

（a）内部结构图　　　　　　　　　　（b）外观图

图8-9　套管末屏专用适配器

（3）仪器的组成及工作原理。电容型设备相对介质损耗因数及相对电容量带电检测系统一般由取样单元、测试引线和主机等部分组成，电容型设备带电检测仪器组成如图 8-10 所示。取样单元用于获取电容型设备的电流信号或者电压信号；测试引线用于将取样单元获得的信号引入到主机；主机负责数据采集、处理和分析。

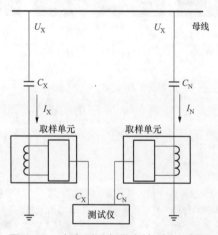

图8-10　电容型设备带电检测仪器组成

电容型设备相对介质损耗因数及相对电容量带电测试仪的工作原理图如图 8-11 所示，被测电流信号 I_X 和 I_N 在经过高精度穿心式电流传感器后，变换为电压信号，然后通过自适应程控放大器对其幅度大小进行调理，并经过多级低通滤波器消除高次谐波分量，最终经高精度模数转换器（AD）对这两路信号进行数字化处理，通过全数字化的谐波分析法求取基波信号的幅值和相位，从而计算出相对介质损耗因数和相对电容量等参量。

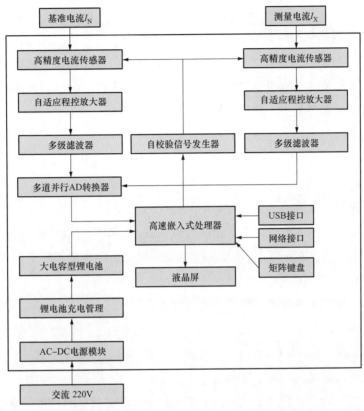

图8-11　电容型设备相对介质损耗因数及相对电容量带电测试仪的工作原理图

电容型设备相对介质损耗因数及相对电容量现场检测与判断

一、现场检测基本要求

1. 人员要求

（1）熟悉电容型设备相对介质损耗因数和相对电容量带电检测的基本原理、诊断程序和缺陷定性的方法，了解电容型设备带电检测仪器的工作原理、技术参数和性能，掌握带电检测仪的操作程序和使用方法。

（2）了解各类电容型设备的结构特点、工作原理、运行状况和设备故障分析的基本知识。

（3）接受过电容型设备介质损耗因数和相对电容量带电检测的培训，具备现场测试能力。

（4）具有一定的现场工作经验，熟悉并能严格遵守电力生产和工作现场的相关安全管理规定。

（5）带电检测过程中应设专人监护。监护人应由有带电检测经验的人员担任，拆装取样单元接口时，一人操作，一人监护。对复杂的带电检测或在相距较远的几个位置进行工作时，应在工作负责人指挥下，在每一个工作位置分别设专人监护。带电检测人员在工作中应思想集中，服从指挥。

2. 安全要求

（1）应严格执行 Q/GDW 1799.1—2013《国家电网公司电力安全工作规程（变电部分）》的相关要求。

（2）应严格执行发电厂、变（配）电站巡视的要求。

（3）检测至少由两人进行，并严格执行保证安全的组织措施和技术措施。

（4）必要时设专人监护，监护人在检测期间应始终行使监护职责，不得擅离岗位或兼职其他工作。

（5）应确保操作人员及测试仪器与电力设备的高压部分保持足够的安全距离。

3. 环境要求

（1）环境温度：5～40℃。

（2）空气相对湿度：不大于85%。

（3）雨、雪、大雾等恶劣天气条件下避免户外检测，雷电时严禁带电检测。

（4）被测设备已安装取样单元，满足带电检测要求。

（5）被测设备表面应清洁、干燥。

（6）采用相对测量法时，应注意相邻间隔对测试结果的影响，记录被测设备相邻间隔带电与否。

4. 仪器要求

（1）仪器性能要求。

1）测试仪器内置大功率蓄电池，充满电后至少能连续工作6h以上。

2）电流测量，固定穿心传感器的测量范围：0.1～1000mA，测量精度：±（读数的0.5%+1位）；钳形传感器的测量范围：0.5～1000mA，测量精度：±（读数的0.5%+1位）。

3）电压测量范围：3～300V，测量精度：±（读数的0.5%+1位）。

4）相位角测量，测量范围：0.001°～359.999°，测量精度：±（读数的0.5%+1位）。

5）环境适应能力，环境温度：-10～+55℃；环境相对湿度：0～85%；大气压力：80～110kPa。

（2）功能要求。

1）电流取样可采用固定式穿心电流传感器或钳形电流传感器两种方式。

2）测试仪器具备数据存储、导入/导出和查询功能。

3）仪器应具备相间干扰补偿、电压互感器二次电压或同相电容型设备末屏电流作为参考电压、系统自动校正等功能。

4）测试仪器具备自校验仪功能，测量时自动发送工频小电流校验信号给两个通道的电流传感器检查测试仪是否工作正常、测试精度是否满足要求。

二、检测方法

1. 检测准备

（1）工作前应办理变电站第二种工作票，并编写电容型设备带电检测作业指导书、现场安全控制卡和工序质量卡。

（2）试验前应详细掌握被测设备和参考设备历次停电试验和带电检测数据、历史缺陷、家族性缺陷、不良工况等状态信息。

（3）准备现场工作所使用的工器具和仪器仪表，必要时需要对带电检测仪器进行充电。

2. 检测方法

（1）参考设备的选择。选择合适的参考设备对电容型设备带电检测至关重要，应遵循以下原则：

1）采用相对值比较法，基准设备一般选择停电例行试验数据比较稳定的设备。

2）宜选择与被测设备处于同一母线或直接相连母线上的其他同相设备，宜选择同类型电容型设备。

3）双母线分裂运行的情况下，应按照两段母线选择各自的参考设备，分别进行带电检测工作，避免两端母线电压相位差带来的误差。

4）选定的参考设备一般不再改变，以便于进行对比分析。

（2）测试前准备。

1）带电检测应在天气良好条件下进行，确认空气相对湿度应不大于80%，环境温度不低于5℃。

2）向工作班成员交代工作内容、带电部位、安全注意事项，并明确人员分工。

3）选择合适的参考设备，并备有参考设备、被测设备的停电例行试验记录和带电检测试验记录。

4）核对被测设备、参考设备运行编号、相位，查看并记录设备铭牌。

5）使用万用表检查测试引线，确认其导通良好，避免设备末屏或者低压端开路。

6）开机检查仪器是否电量充足，必要时需要使用外接交流电源。接电源时需要两人进行，并检查漏电保护器是否可靠动作。

（3）接线与测试。

1）将带电检测仪器可靠接地，先接接地端再接仪器端，并在其两个信号输入端连接好测量电缆。

2）打开取样单元，用测量电缆连接参考设备取样单元和仪器 I_N 端口，被测设备取样单元和仪器 I_X 端口。按照取样单元盒上标示的方法，正确连接取样单元、测试引线和主机，防止在试验过程中形成末屏开路。

3）打开电源开关，设置好测试仪器的各项参数。

4）如果取样单元为传统接口，需同时指挥参考设备侧人员和被测设备侧人员拉开取样单元内的操作闸刀及连接片后，仪器操作人员启动测量，仪器自检并自动进入测试状态。

5）正式测试开始之前应进行预测试，当测试数据较为稳定时，停止测量，并记录、存储测试数据；如需要，可重复多次测量，从中选取一个较稳定数据作为测试结果。试验数据记录人员应与带电检测数据初值核对试验数据，确认无误后，再进行下一台电容型设备的试验工作。必要时可选择其他参考设备进行比对测试。

6）测试过程中按照逐相逐间隔进行测试，不得遗漏。

（4）记录并拆除接线。

1）测试完毕后，参考设备侧人员和被测设备侧人员合上取样单元内的操作闸刀及连接片。仪器操作人员记录并存储测试数据、温度、空气湿度等信息。

2）关闭仪器，断开电源，完成测量。

3）拆除测试电缆，应先拆设备端，后拆仪器端。

4）恢复取样单元，一人恢复，一人检查恢复情况。并检查确保设备末屏已经可靠接地。

5）拆除仪器接地线，应先拆仪器端，再拆接地端。

6）办理工作票终结手续，并填写修试记录，交运行人员验收。

3.检测终结

工作班成员应整理原始记录，由工作负责人确认检测项目齐全，核对原始记录数据是否完整、齐备，并签名确认。检测工作完成后，应编制检测报告，工作负责人对其数据的完整性和结论的正确性进行审核，并及时向上级专业技术管理部门汇报检测项目、检测结果和发现的问题。

三、诊断方法

电容型设备相对介质损耗因数和电容量带电检测属于微小信号测量，受现场干扰等多种因素的制约，其准确性和分散性与停电例行试验相比都较大，因此不能简单通过阈值判断设备状态，容易造成误判，应充分考虑历史数据和停电试验数据进行纵向比较和横向比较，对设备状态做出综合判断。

1. 纵向比较

对于在同一参考设备下的历次带电检测结果，变化趋势不应有明显差异。电容型设备带电检测标准见表 8–1。

表8–1　　　　　　　　　　　　　　　　电容型设备带电检测标准

被测设备	测试项目	要求
电容型套管、电容型电流互感器、电容式电压互感器、耦合电容器	相对介质损耗因数	（1）正常：变化量 ≤ 0.003； （2）异常：变化量 > 0.003 且 ≤ 0.005； （3）缺陷：变化量 > 0.005
	相对电容量	（1）正常：初值差 ≤ 5%； （2）异常：初值差 > 5% 且 ≤ 20%； （3）缺陷：初值差 > 20%

2. 横向比较

（1）处于同一单元的三相电容型设备，其带电检测结果的变化趋势不应有明显差异。

（2）必要时，可依照式（8–1）和式（8–2），根据参考设备停电例行试验结果，把相对测量法得到的相对介质损耗因数和相对电容量换算成绝对量，并参照 Q/GDW 1168—2013《输变电设备状态检修试验规程》中关于电容型设备停电例行试验标准判断其绝缘状况。

$$\tan\delta_{X0} = \tan(\delta_X - \delta_N) + \tan\delta_{N0} \tag{8-1}$$

$$C_{X0} = C_X/C_N \times C_{N0} \tag{8-2}$$

式中　　　　　$\tan\delta_{X0}$——换算后的被测设备介质损耗因数绝对量；

$\tan\delta_{N0}$——参考设备最近一次停电例行试验测得的介质损耗因数；

$\tan(\delta_X - \delta_N)$——带电检测获得的相对介质损耗因数；

C_{X0}——换算后的被测设备电容量绝对量；

C_{N0}——参考设备最近一次停电例行试验测得的电容量；

C_X/C_N——带电检测获得的相对电容量。

四、判断标准

1. 相对介质损耗因数判断标准

（1）正常：初值差 ≤ 10%。

（2）异常：初值差 >10% 且 ≤ 30%。

（3）缺陷：初值差 >30%。

2. 相对电容量判断标准

（1）正常：初值差 ≤ 5%。

（2）异常：初值差 >5% 且 ≤ 20%。

（3）缺陷：初值差 >20%。

五、注意事项

1. 安全注意事项

（1）开始工作前，工作负责人应对全体工作班成员详细交代工作中的安全注意事项、带电部位。

（2）进入工作现场，全体工作人员必须正确佩戴安全帽，穿绝缘鞋。

（3）雷雨天气严禁作业。

（4）应选择绝缘梯子，使用前要检查梯子有否断档开裂现象，梯子与地面的夹角应在 60° 左右，梯子应放倒两人搬运，举起梯子应两人配合防止倒向带电部位。

（5）在梯子上作业，必须用绳索绑扎牢固，梯子下部应派专人扶持，并加强现场安全监护。

（6）梯子上作业应使用工具袋，严禁上下抛掷物品。

（7）根据带电设备的电压等级，全体工作人员及测试仪器应注意保持与带电体的安全距离不应小于 Q/GDW 1799.1—2013《国家电网公司电力安全工作规程（变电部分）》中规定的距离，防止误碰带电设备。

（8）专责监护人在检测期间应始终行使监护职责，不得擅离岗位或兼职其他工作。

（9）检测时防止设备末屏开路。

（10）带电检测测试专用线在使用过程中，严禁强力生拉硬拽或摆甩测试线，防止误碰带电设备。

2. 检测注意事项

（1）采用同相比较法时，应注意相邻间隔带电状况对测量的影响，并记录被测设备相邻间隔带电与否。

（2）采用相对值比较法，带电检测单根测试线长度应保证在 30m 以内。

（3）对于同一变电站电容型设备带电检测工作宜安排在每年的相同或环境条件相似的月份，以减少现场环境温度和空气相对湿度的较大差异带来数据误差。

（4）数据分析还应综合考虑设备历史运行状况、同类型设备参考数据，同时参考其他带电检测试验结果，如油色谱试验、红外测温以及高频局部放电测试等技术手段进行综合分析。

第三节　案例分析

【例 8-1】电容型设备相对介质损耗因数及相对电容量带电检测取样盒异常

一、异常情况

2015 年 11 月 10 日，检测人员对某 500kV 变电站进行电容型设备相对介质损耗因数及相对电容量测量时，发现 A、B 相 LXRX-2 电容型设备介质损耗带电检测取样单元的箱体下方取样接口［如图 8- 12（a）所示］所测电流数据及介质损耗异常。

二、检测数据

1. 检测环境

现场检测环境信息见表 8-2。

表8-2　　　　　　　　　　　　现场检测环境信息

检测日期	天气	温度	湿度
2015 年 11 月 10 日	晴	15℃	58%

2. 现场检测情况及分析

相对介质损耗因数及相对电容量现场检测发现数据异常后（检测数据见表 8-3），改用钳形电流夹从昇村 43B8 线线路电容式电压互感器低压端引下线处取样［取样单元结构图及取样位置如图 8- 12（b）所示］，测得相对介质损耗因数及相对电容量结果正常。

（a）取样单元结构图   （b）测试取样位置

图8-12　取样单元结构图及取样位置

表8-3 相对介质损耗因数及相对电容量检测数据

检测设备	实测电流（mA）		相对介质损耗因数（%）		相对电容量（pF）		参考电流（mA）	参考设备
	位置1	位置2	位置1	位置2	位置1	位置2		
昇村 43B8 线电压互感器 A	3.875	205.5	-0.360	-0.027	0.019	0.999	205.6	昇戴 43B7 电压互感器 A 相
昇村 43B8 线电压互感器 B	183.8	206.4	-1.221	-0.012	0.889	1.006	205.0	昇戴 43B7 电压互感器 B 相
昇村 43B8 线电压互感器 C	205.7	205.7	0.010	0.010	0.993	0.993	206.9	昇戴 43B7 电压互感器 C 相

　　分析数据可知，昇村 43B8 线线路电容式电压互感器取样单元中电流互感器或取样单元取样接口异常，从取样接口处无法获取准确电流参数，导致测量结果不正常。

三、结论及建议

　　根据位置 2 处取样数据检测结果可知，一次设备工作正常，电容式电压互感器低压端引下线接地良好，异常部位仅为取样单元。取样单元工作异常，对主设备运行无安全隐患。

　　在以往的带电检测中，此类取样单元异常情况已多次发现。取样单元为停电时安装，验收时无法在无电的状态下确认其取样电流互感器回路的正确性；在投入运行后，也可能由于接口处严重受潮等因素导致取样回路损坏，从而出现无法准确检测的情况。已与厂家安装人员沟通，要求其安装时务必做好封堵措施，并改良制造工艺，确保设备正常使用。

【例 8-2】电容型设备末屏引出线错接

一、异常情况

2017 年 12 月 9 日，检测人员对某 500kV 变电站进行电容型设备相对介质损耗因数及相对电容量测量时，岭牧 4343 线电压互感器 A 相和岭国 4342 线电压互感器 A 相电容型设备取样单元处测试电流为 1mA，其他电容型设备检测未发现异常。

二、检测数据

1. 检测环境

现场检测环境信息见表 8-4。

表8-4　　　　　　　　　　　　　现场检测环境信息

检测日期	天气	温度	湿度
2017 年 12 月 9 日	晴	13℃	51%

2. 现场检测情况

用钳形电流夹从岭牧 4343 线和岭国 4342 线线路 A 相电压互感器低压端引下线处取样［如图 8-13（a）所示］，相对介质损耗因数及相对电容量检测数据见表 8-5。

（a）引下线取样　　　　　　　　　　　　（b）检测数据

图8-13　现场测试图

表8-5 相对介质损耗因数及相对电容量检测数据

被试设备	实测电流（mA）	参考电流（mA）	相对介质损耗因数（%）	相对电容量（pF）	参考设备
岭国4342电压互感器A相	1.060	206.7	—	—	岭泽4341电压互感器
岭牧4343电压互感器A相	1.116	204.3	—	—	岭岩4344电压互感器

三、结论及建议

通过数据分析，怀疑岭牧4343线和岭国4342线线路A相电压互感器末屏引出线错接，导致从取样接口处获取电流参数几乎为零。

末屏接地正常，不影响设备运行，建议结合停电整改。

第九章
油中溶解气体分析技术

第一节 油中溶解气体分析技术基本原理

一、概述

油中溶解气体分析技术于 20 世纪 60 年代在我国开始推广，并于 70 年代初逐步应用于电力系统变压器的早期故障诊断中。多年来，随着实践经验的积累、制造工艺的改善、理论研究的深入，油中溶解气体分析中的取样和脱气方法简洁性、仪器操作灵活性、诊断方法有效性均得到了很大的改善。目前，油中溶解气体分析技术已广泛应用于 6~1000kV 电压等级的变压器、电抗器、电流互感器、电压互感器及油纸套管等充油设备中，应用过程贯穿于设备制造、安装、运行、退役全生命周期，可以有效反映电力充油设备内部老化、过热、受潮、放电等故障，为设备的状态评价提供了可靠的依据。

二、油中溶解气体产气基本原理

分析油中溶解气体的组分和含量是监视充油设备安全运行的最有效的措施之一。该方法适用于充有矿物质绝缘油和以纸或层压板为绝缘材料的电气设备。对判断充油电气设备内部故障有价值的气体包括：氢气（H_2）、甲烷（CH_4）、乙烷（C_2H_6）、乙烯（C_2H_4）、乙炔（C_2H_2）、一氧化碳（CO）、二氧化碳（CO_2）。定义总烃为烃类气体含量的总和，即甲烷、乙烷、乙烯和乙炔含量的总和。

充油电气设备所用材料包括绝缘材料和导体（金属）材料两大类。绝缘材料主要是绝缘油、绝缘纸、树脂、绝缘漆等；金属材料主要有铜、铝、硅钢片等材料。故障下产生的气体主要是来源于纸和油的热解裂化。

1. 绝缘油的裂化气体

绝缘油是由许多不同分子量的碳氢化合物分子组成的混合物，由于电或热故障的结果可以使某些 C—H 键和 C—C 键断裂，伴随生成少量活泼的氢原子和不稳定的碳氢化合物的自由基，这些氢原子或自由基通过复杂的化学反应迅速重新化合，形成氢气和低分子烃类气体，如甲烷、乙烷、乙烯、乙炔等，也可能生成碳的固体颗粒及碳氢聚合物。故障初期，所形成的气体溶解于油中；当故障能量较大时，也可能聚集成自由气体。碳的固体颗粒及碳氢聚合物可沉积在设备的内部。

低能量故障，如局部放电，通过离子反应促使最弱的键 C–H 键（338kJ/mol）断裂，大部分氢离子将重新化合成氢气而积累。对 C–C 键的断裂需要较高的温度（较多的能量），然后迅速以 C–C 键（607kJ/mol）、C=C 键（720kJ/mol）和 C ≡ C（960kJ/mol）键的形式重新化合成烃类气体，依次需要越来越高的温度和越来越多的能量。

乙烯是在大约为 500℃（高于甲烷和乙烷的生成温度）下生成的（虽然在较低的温度时也有少量生成）。乙炔的生成一般在 800 ~ 1200℃的温度，而且当温度降低时，反应迅速被抑制，作为重新化合的稳定产物而积累。因此，大量乙炔是在电弧的弧道中产生的。当然在较低的温度下（低于 800℃）也会有少量的乙炔生成。油气氧化反应时伴随生成少量的 CO 和 CO_2；CO 和 CO_2 能长期积累，成为显著数量。故障气体的产生和故障温度的关系如图 9-1 所示。

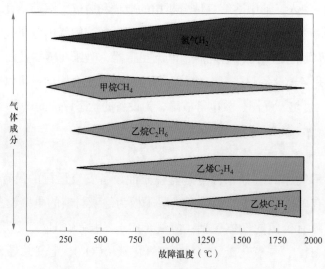

图9-1　故障气体的产生和故障温度的关系

2. 固体绝缘材料的裂化气体

纸、层压板或木块等固体绝缘材料分子内含有大量的无水右旋糖环和弱的 C–O 键及葡萄甙键。它们的热稳定性比油中的碳氢键要弱，并能在较低的温度下重新化合。聚合物裂解的有效温度高于 105℃，在生成水的同时生成大量的 CO 和 CO_2 以及少量烃类气体和呋喃化合物，同时油被氧化。CO 和 CO_2 的形成不仅随温度而且随油中氧的含量和纸的湿度增加而增加。

3. 充油高压设备的故障气体特征

油分解出的气体形成气泡在油里经对流、扩散不断地溶解在油中。这些故障气体的组成和含量与故障类型及其严重程度有密切关系。因此，分析溶解于油中的气体，就能尽早发现设备内部存在的潜伏性故障，并随时监视故障的发展情况。

三、气相色谱法基本原理

电力系统中，目前主要采用气相色谱法实现油中溶解气体的故障分析。色谱法又叫层析法，它是一种物理分离技术。它利用不同物质在两相间具有不同的分配系数，当两相做相对运动时，试样的各组分就在两相中经反复多次地分配，使得原来分配系数只有微小差别的各组分产生很大的分离效果，从而将各组分分离开来。色谱法具有分离效能高、分析速度快、样品用量少、灵敏度高、适用范围广等许多化学分析法无可与之比拟的优点。气相色谱法的一般流程主要包括三部分：载气系统、色谱柱和检测器。具体流程如下：载气首先进入气路控制系统，将流入进样装置的样品（油中分离出的混合气体）带入色谱柱，经色谱柱分离后的各个组分依次进入检测器，检测后的电信号经计算机处理后得到每种特征气体的含量。

第二节 油中溶解气体分析与诊断

一、现场检测要求

1. 人员要求

（1）熟悉现场安全作业要求，能严格遵守电力生产和工作现场的相关安全管理规定。

（2）了解现场检测条件，明确各检测点位置，熟悉高处检测作业时的安全措施；作业人员身体状况和精神状态良好，未出现疲劳困乏或情绪异常。

（3）了解油浸式设备的结构特点、工作原理、运行状况和导致设备故障分析的基本知识。

（4）熟悉油色谱分析基本原理，掌握气相色谱仪的操作程序和使用方法。

（5）接受过油浸式设备取油样的培训，具备现场操作能力，并具有一定的现场工作经验。

2. 安全要求

（1）应严格执行 Q/GDW 1799.1—2013《国家电网公司电力安全工作规程（变电部分）》的相关要求。

（2）应严格执行发电厂、变（配）电站巡视的要求。

（3）取油样至少由两人进行，并严格执行保证安全组织措施和技术措施。

（4）必要时设专人监护，监护人在检测期间应始终行使监护职责，不得擅离岗位或兼职其他工作。

（5）应确保操作人员与电力设备的高压部分保持足够的安全距离；应避开设备压力释放装置。

3. 环境要求

（1）环境温度：−10～+55℃。

（2）环境湿度：相对湿度不大于85%。

（3）大气压力：80～110kPa。

（4）室外工作应避免雷电、雨、雪、雾、露等天气条件。

4. 周期要求

针对不同工况下的油设备，检测周期不尽相同，下面对取油周期予以说明：

（1）投运前的新设备及大修后的设备，投运前（耐压前后）应至少做一次检测；如果在现场进行感应耐压和局部放电试验，则应在试验后停放一段时间再做一次检测。

（2）新设备投运或变压器（仅对电压330kV及以上的变压器和电抗器、或容量在120MVA及以上的发电厂升压变压器）大修后，应在投运后第1天、4天、10天、30天各做一次检测，若无异常，转为定期检测。其中，1000kV主变压器、调压补偿变压器及电抗器应在投运后第1天、2天、3天、4天、7天、10天及30天各做一次检测，若无异常，转为定期检测。

（3）当设备情况异常或对测试结果有怀疑时，应立即安排取油样检测，并根据检测结果制定相应检测周期。

（4）运行中设备的定期检测周期按表9-1的规定进行检测。

表9-1　　　　　　　　　　　运行中设备的定期检测周期

设备名称	设备电压等级和容量	检测周期
变压器和电抗器	电压1000kV	1个月一次
	电压330kV及以上 容量240MVA及以上 所有发电厂升压变压器	3个月一次

续表

设备名称	设备电压等级和容量	检测周期
变压器和电抗器	电压 220kV 及以上 容量 120MVA 及以上	6 个月一次
	电压 66kV 及以上 容量 8MVA 及以上	1 年一次
	电压 66kV 以下 容量 8MVA 以下	自行规定
互感器	电压 66kV 及以上	1～3 年一次
套管	--	必要时

注　制造厂规定不取样的全密封互感器，一般在保证期内不做检测。在超过保证期后，应在不破坏密封的情况下取样分析。

二、检测方法

1. 油样取样

（1）取样部位：所取的油样能代表油箱本体的油。一般应在设备下部的取样阀门取油样，在特殊情况下，根据要求可在不同部位取样。

（2）取样阀门：设备的取样阀门应适合全密封取样方式的要求。各类设备取样阀门周围应用干净棉纱或棉布将桶盖外部擦净，并排尽取样阀门中的残油。

（3）取样量：对大油量的变压器、电抗器等可为 50～80mL，对少油量的设备要尽量少取，以够用为限。

（4）取油样容器：应使用经密封检查试验合格的洁净玻璃注射器取油样。当注射器充有油样时，芯子能按油体积随温度的变化自由滑动，使内外压力平衡。

（5）取油样的方法：从设备中取油样的全过程应在全密封的状态下进行，油样不得与空气接触。一般对电力变压器及电抗器可在运行中取油样；对需要设备停电（如电流互感器）取样时，应在停运后尽快取样。取油后，应确保设备无渗漏油现象。对于可能产生负压的密封设备，禁止在负压下取样，以防止负压进气。电流互感器取油后应复查油位，确保油量在最小油位线以上。

设备的取样阀门应配上带有小嘴的连接器或专用取油工具，再连接软管。取样前应排除取样管路中及取样阀门内的空气和"死油"，所用的胶管应尽可能地短，同时用设备本体的油冲洗管路（少油量设备如电流互感器，可根据现场具体情况而定），取油样时油流应平缓，正式取样前用取样油冲洗注射器 2～3 次（少油量设备如电流互感器可不冲洗）。用注射器取样时，最好在注射器和软管之间接一小型金属三通阀，注射器取样流程如图 9-2 所示。

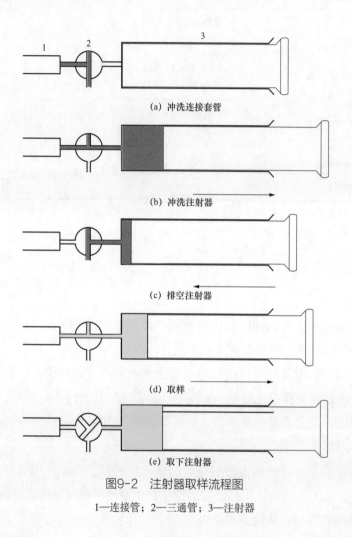

(a) 冲洗连接套管

(b) 冲洗注射器

(c) 排空注射器

(d) 取样

(e) 取下注射器

图9-2　注射器取样流程图

1—连接管；2—三通管；3—注射器

（6）取样步骤：将"死油"经三通阀排掉；转动三通阀使少量油进入注射器；转动三通阀并推压注射器芯子，排除注射器内的空气和油；转动三通阀使油样在静压力作用下自动进入注射器（不应拉注射器芯子，以免吸入空气或对油样脱气）。当取到足够的油样时，关闭三通阀和取样阀，取下注射器，用小胶头封闭注射器（尽量排尽小胶头内的空气）。整个操作过程应特别注意保持注射器芯子的干净，以免卡涩。

（7）油样的保存：油样的注射器上应贴有包括变电站设备名称、取样时间、取样部位等相关信息的标签，并放置于运送专用油箱中，注意避光和密封保存。为保证试验数据的准确，尽量避免阴雨天取油。

2. 脱气操作

利用气相色谱法分析油中溶解气体必须将溶解的气体从油中脱出来，再注入色谱仪进行组分和含量的分析。目前油化分析室常用的脱气方法为溶解平衡法。溶解平衡法目前使用的是机械振荡方式，其重复性和再现性能满足实用要求。该方法的原理是：在恒温条件下，油样在和洗脱气体构成的密闭系统内通过机械振荡，使油中溶解气体在气、液两相达到分配平衡，最后通过测试气相中各组分浓度，计算出油中溶解气体各组分的浓度。

色谱分析的流程如图 9-3 所示。

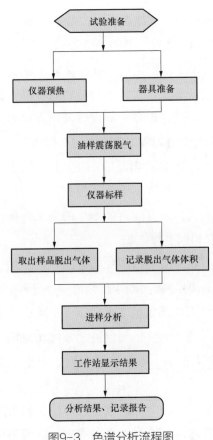

图9-3 色谱分析流程图

具体操作步骤如下：

（1）调节试油体积：将 100mL 玻璃注射器中的多余油样推出，准确调节注射器芯至 40.0mL 刻度处，立即用橡胶封帽将注射器出口密封。

（2）注入平衡载气：用载气清洗注气用注射器 1～2 次后，将 5mL 平衡载气缓慢注入体积为 40.0mL 的试油中。

（3）振荡平衡：将经过步骤（2）处理过的注射器放入恒温定时振荡器内，且将注射器头部出口小嘴至于下方。启动振荡器，在 50℃ 下连续振荡 20min，再静置 10min。

（4）转移平衡气：将步骤（3）处理后的油样取出，立即将其中的平衡气体通过双头针转移到另一 5mL 注射器内，在室温下放置 2min 后准确读取其体积（精确到 0.1mL），以备色谱分析用。在平衡气体转移过程中，采用微正压法转移，不允许拉动取气注射器芯塞。

3. 气样分析

用脱气装置将溶解在油样中的气体脱出后，就要利用气相色谱仪对气样进行定性、定量分析，计算出各组分在油中浓度。具体操作步骤如下：

（1）进样标定：待色谱仪工况稳定后，准确抽取 1mL 已知各组分浓度的标准混合气（在使用期内）对仪器进行标定。进样前检验密封性能，保证进样注射器和针头密封性，如密封不好应更换针头或注射器。标定仪器应在仪器运行工况稳定且相同的条件下进行，两次标定的重复性应在其平均值的 ±2% 以内。

（2）进样操作：规格为 1mL 的注射器取 1mL（特殊情况可小于 1mL）平衡气体注入色谱仪内进行组分分析、深度计算。为保证数据的真实性，应注意所使用注射器的清洁度，防止标气与样品气或样品气间可能产生的交叉污染。样品分析应与仪器标定使用同一支进样注射器，取相同进样体积。

（3）重复性和再现性：取两次平行试验结果的算术平均值为测定值。重复性：油中溶解气体浓度大于 10μL/L 时，两次测定值之差应小于平均值的 10%；油中溶解气体浓度小于等于 10μL/L 时，两次测定值之差应小于平均值的 15% 加两倍该组分气体最小检测浓度之和。再现性：两个试验室测定值之差的相对偏差，在油中溶解气体浓度大于 10μL/L 时，为小于 15%；小于等于 10μL/L 时，为小于 30%。

4. 工作终结

工作班成员应整理原始记录，由工作负责人确认检测组分齐全，核对原始记录数据是否完整、齐备，并签名确认。检测工作完成后，应编制检测报告，工作负责人对其数据的完整性和结论的正确性进行审核，并及时向上级专业技术管理部门汇报检测项目、检测结果和发现的问题。

三、诊断方法

从油中得到的溶解气体的气样用气相色谱仪进行组分和含量的分析。分析对象为：氢气（H_2）、甲烷（CH_4）、乙烷（C_2H_6）、乙烯（C_2H_4）、乙炔（C_2H_2）、一氧化碳（CO）、二氧化碳（CO_2）。

正常运行下，充油电气设备内部的绝缘油和有机绝缘材料，在热和电的作用下，会逐渐老化和分解，产生少量的各种低分子烃类气体及一氧化碳、二氧化碳等气体。而在热和电故障的情况下也会产生这些气体，因此在判断设备是否存在故障及其故障的严重程度时，要根据设备运行的历史状况和设备的结构特点以及外部环境等因素进行综合判断。

1. 判断变压器是否有故障的方法

判断变压器是否有故障可根据气体浓度、绝对产气速率及相对产气速率综合判断。

（1）根据气体浓度判断变压器是否故障。正常运行情况下，充油电力变压器在受到电和热的作用会产生一些氢气、低分子烃类气体及碳的化合物。当变压器发生故障时气体产生速度要加快，所以根据气体的浓度可以在一定程度上判断变压器是否发生故障，设备气体含量注意值见表9-2～表9-4。

表9-2　　　　　　　　　　对出厂和投运前的设备气体含量的要求　　　　　　　　　μL/L

气体	变压器和电抗器	互感器	套管
氢	<30	<50	<150
乙炔	0	0	0
总烃	<20	<10	<10

表9-3　　　　　　　变压器、电抗器和套管油中溶解气体含量的注意值　　　　　　　μL/L

设备	气体组分	含量		
		1000kV	330kV 及以上	220kV 及以下
变压器（含调压补偿变压器）和电抗器	总烃	150	150	150
	乙炔	1	1	5
	氢	150	150	150
套管	甲烷	10	100	100
	乙炔	0.5	1	2
	氢	100	500	500

表9-4   互感器油中溶解气体含量的注意值   μL/L

设备	气体组分	含量	
		220kV 及以上	110kV 及以下
电流互感器	总烃	100	100
	乙炔	1	2
	氢	150	150
电压互感器	总烃	100	100
	乙炔	2	3
	氢	150	150

在识别设备是否存在故障时，不仅要考虑油中溶解气体含量的绝对值，还应注意：

1）注意值不是划分设备有无故障的唯一标准。当气体浓度达到注意值时，应进行追踪分析，查明原因。

2）对330kV及以上的电抗器，当出现小于1μL/L乙炔时也应引起注意；如气体分析虽已出现异常，但判断不至于危及绕组和铁芯安全时，可在超过注意值较大的情况下运行。

3）影响电流互感器和电容式套管油中氢气含量的因素较多，有的氢气含量虽低于表中的数值，有增长趋势，也应引起注意；有的只有氢气含量超过表中数值，若无明显增长趋势，也可判断为正常。

4）注意区别非故障情况下的气体来源，进行综合分析。

（2）根据产气速率判断变压器是否故障。有些故障是从潜伏性故障开始，表征为油中溶解气体的含量较小但产气速率较快，应该考虑用产气速率来判断变压器是否处于故障状态。产气速率分为绝对产气速率和相对产气速率。绝对产气速率是每运行日产生某种气体的平均值，即

$$v_a = \frac{C_{li} - C_{ei}}{\Delta t} \cdot \frac{m}{p}$$

式中 v_a ——绝对产气速率，mL/d；

C_{li} ——第二次取样测得油中某种气体浓度，μL/L；

C_{ei} ——第一次取样测得油中某种气体浓度，μL/L；

Δt ——取样间隔中实际的运行时间，d；

m ——变压器总油重，t；

p ——油的密度，t/m³。

变压器的绝对产气速率的注意值见表9-5。

表9-5　　　　　　　　　　　　　　绝对产气速率注意值　　　　　　　　　mL/d

气体组分	开放式	隔膜式
总烃	6	12
乙炔	0.1	0.2
氢气	5	10
一氧化碳	50	100
二氧化碳	100	200

相对产气速率是折算到月的某种气体浓度增加量占原有值百分数的平均值，按下式计算

$$v_r = \frac{C_{li} - C_{ei}}{C_{ei}} \cdot \frac{1}{\Delta t} \cdot 100\%$$

式中　　v_r ——相对产气速率，%/m ；

　　　　C_{li} ——第二次取样测得油中某气体浓度，$\mu L/L$ ；

　　　　C_{ei} ——第一次取样测得油中某气体浓度，$\mu L/L$ ；

　　　　Δt ——取样间隔中实际的运行时间，m。

当总烃的相对产气速率大于10%时就应该引起注意，对总烃起始值很低的变压器不宜采用此判据。

产气速率在很大程度上依赖于设备的类型、负荷情况、故障类型和所用绝缘材料的体积及其老化程度，应结合这些情况进行综合分析。判断设备状况时，还应该考虑到呼吸系统对气体的逸散作用。

2. 判断变压器故障类型的方法

在判断变压器是故障后，就可以利用判断变压器故障类型的方法判断变压器所属的故障类型了。判断变压器故障类型的方法主要有特征气体法和比值法，比值法又包括有编码的比值法和无编码的比值法，有编码的比值法包括 IEC 三比值法等。

（1）特征气体法。变压器油中溶解的特征气体随着故障类型及严重程度的变化而变化，特征气体法就是根据油中各种特征气体浓度来判断变压器故障类型的一种方法，特征气体法对故障性质有较强的针对性，比较直观、方便，缺点是没有量化。表 9-6 的特征气体浓度与变压器内部故障关系描述了通过特征气体判断变压器内部故障类型的方法。

表9-6　　　　　　　　　　　特征气体浓度与变压器内部故障的关系

故障性质	特征气体的特点
一般过热性故障	总烃较高，$C_2H_2 < 5\mu L/L$
严重过热性故障	总烃高，$C_2H_2 > 5\mu L/L$，但 C_2H_2 未构成总烃的主要成分，H_2 含量较高
局部放电	总烃不高，$H_2 > 100\mu L/L$，CH_4 占总烃的主要成分
火花放电	总烃不高，$C_2H_2 > 10\mu L/L$，H_2 较高
电弧放电	总烃高，C_2H_2 高并构成总烃中的主要成分，H_2 含量高

（2）IEC 三比值法。IEC 三比值法最早是由国际电工委员会（IEC）在热力动力学原理和实践的基础上推荐的。我国现行的 DL/T 722—2014《变压器油中溶解气体分析和判断导则》推荐的就是改良的三比值法。其原理是根据充油电气设备内油、纸绝缘在故障下裂解产生气体组分含量的相对浓度与温度的相互依赖关系，从 5 种气体中选择两种溶解度和扩散系数相近的气体组分组成三对比值，以不同的编码表示，三比值法编码规则见表 9-7，根据比值的编码判断变压器所属的故障类型，故障类型判断方法见表 9-8。

三比值法原理简单、计算简便且有较高的准确率，在现场有着广泛的应用。三比值法中各种气体针对的是变压器本体内的油样，对气体继电器中的油样无效，只有根据气体各组分含量的注意值或气体增长率的注意值有理由判断变压器存在故障时，气体比值才是有效的，对于正常的变压器比值没有意义。同时三比值法还存在一些不足，比如实际情况中可能出现没有对应比值编码的情况，对多故障并发的情况判断能力有限，不能给出多种故障的隶属度，对故障状态反映不全面。

表9-7　　　　　　　　　　　　三比值法的编码规则

气体比值范围	比值范围编码		
	C_2H_2/C_2H_4	CH_4/H_2	C_2H_4/C_2H_6
<0.1	0	1	0
≥ 0.1 ~ <1	1	0	0
≥ 1 ~ <3	1	2	1
≥ 3	2	2	2

表9-8 故障类型判断方法

编码组合			故障类型判断
C_2H_2/C_2H_4	C_2H_4/C_2H_6	CH_4/H_2	
0	0	1	低温过热（低于150°）
	2	0	低温过热（150°~300°）
	2	1	中温过热（300°~700°）
	0，1，2	2	高温过热（高于700°）
	1	0	局部放电
2	0，1	0，1	低能放电
	2	0，1	低能放电兼过热
1	0，1	0，1	电弧放电
	2	0，1	电弧放电兼过热

（3）无编码的比值法。三比值方法存在着找不到对应故障类型的情况，而且判断方法相对复杂。有研究人员通过对国内外大量变压器故障实例的分析和研究，提出了一种"无编码比值法"，该方法在一定程度上解决了三比值法故障编码缺少，或用三比值法无法诊断的问题。无编码比值故障诊断方法见表9-9。

表9-9 无编码比值故障诊断方法

故障性质	C_2H_2/C_2H_4	C_2H_4/C_2H_6	CH_4/H_2
低温过热 <300℃	<0.1	<1	无关
中温过热 300~700℃	<0.1	1< 比值 <3	无关
高温过热 >700℃	<0.1	>3	无关
高能放电	0.1< 比值 <3	无关	<1
高能放电兼过热	0.1< 比值 <3	无关	>1
低能放电	>3	无关	<1
低能放电兼过热	>3	无关	>1

（4）油中微水测试。变压器进水时，溶解在油中的水受到铁、氧等作用会分解出氢气，此时油中的气体产物与变压器发生局部放电时的产物是很接近的，同时溶解于

油中的水可能会产生局部放电，所以变压器进水与发生局部放电很难区分。可以通过油中微水测试来判别，当使用特征气体法或比值法判断变压器属于局部放电，且变压器油中微水含量很高，就有理由怀疑变压器进水受潮了。

3. 变压器典型的内部故障

充油电力变压器内部的故障模式主要是机械、热和电三种类型，其中以后两者为主，并且机械性故障常以热或电故障的形式表现出来。研究人员对 359 台故障变压器实例统计得知过热性故障和高能放电故障是变压器故障的主要类型，分别占总数的53% 和 18.1%，其次分别是过热兼高能放电故障、火花放电故障和受潮或局部放电故障。根据故障的原因及严重程度将变压器的典型故障分为 6 种，各种故障类型及其可能的原因见表 9-10。

表9-10 充油电力变压器（电抗器）的典型故障

故障类型	典型故障
局部放电	（1）纸浸渍不完全、纸湿度高。 （2）油中溶解气体过饱和或有气泡 （3）油流静电导致的放电
低能放电	（1）不同电位间连接不良或电位悬浮造成的火花放电。如：磁屏蔽（静电屏蔽）连接不良、绕组中相邻的线饼间或匝间以及连线开焊处或铁芯的闭合回路中的放电。 （2）木质绝缘块、绝缘构件胶合处以及绕组垫块的沿面放电，绝缘纸（板表面爬电）。 （3）环绕主磁通或漏磁通的两个邻近导体之间的放电。 （4）穿缆套管中穿缆和导管之间的放电。 （5）选择开关、极性开关的切断容性电流
高能放电	局部高能量的或有电流通过的闪络、沿面放电或电弧，如绕组对地、绕组之间、引线对箱体、分接头之间的放电
低温过热（<300℃）	（1）变压器在短期急救负载状态下运行。 （2）绕组中油流被阻塞。 （3）铁轭夹件中的漏磁
中温过热 （300℃<t<700℃）	（1）连接不良导致的过热，如螺栓连接处（特别是低压铜排）、选择开关动静触头接触面以及引线与套管的连接不良导致的过热。 （2）环流导致的过热，如：铁轭夹件和螺栓之间、夹件与硅钢片之间、铁芯多点接地、穿缆套管中穿缆和导管之间形成的环流导致的过热以及磁屏蔽的不良焊接或不良接地导致的过热。 （3）绕组中多股并绕的相邻导线之间绝缘磨损导致的过热

续表

故障类型	典型故障
高温过热（$t>700℃$）	（1）油箱和铁芯上大的环流。 （2）硅钢片之间短路

根据大量的试验和故障变压器实例可知，高能的电弧放电变压器油主要分解出乙炔、氢气及少量的甲烷；局部放电变压器油主要分解出氢气和甲烷；过热时变压器油主要分解出氢气、甲烷、乙烯等；固体绝缘在过热时主要分解出一氧化碳和二氧化碳等。不同故障类型所产生的主要特征气体和次要特征气体归纳于表 9-11 充油电力变压器不同故障类型时产生的气体中。

表9-11 充油电力变压器不同故障类型时产生的气体

故障性质	特征气体的特点
一般过热性故障	总烃较高，$C_2H_2<5\mu L/L$
严重过热性故障	总烃高，$C_2H_2>5\mu L/L$，但 C_2H_2 未构成总烃的主要成分，H_2 含量较高
局部放电	总烃不高，$H_2>100\mu L/L$，CH_4 占总烃的主要成分
火花放电	总烃不高，$C_2H_2>10\mu L/L$，H_2 较高
电弧放电	总烃高，C_2H_2 高并构成总烃中的主要成分，H_2 含量高

四、注意事项

1. 安全注意事项

（1）开始工作前，工作负责人应对全体工作班成员详细交代工作中的安全注意事项、带电部位。

（2）进入工作现场，全体工作人员必须正确佩戴安全帽，穿绝缘鞋。

（3）进入室内油浸式设备场所前，检查充油设备是否有渗漏油现象。

（4）雷雨天气严禁作业。

（5）高处取油应使用选择升高车。

（6）根据带电设备的电压等级，全体工作人员及测试仪器应注意保持与带电体的安全距离不应小于 Q/GDW 1799.1—2013《国家电网公司电力安全工作规程（变电部分）》中规定的距离，防止误碰带电设备。

（7）专责监护人在检测期间应始终行使监护职责，不得擅离岗位或兼职其他工作。

2.检测注意事项

（1）取油时应防止油喷射出。

（2）进样前要观察氢气、空气及载气流量是否正常，检测器是否已成功点火，仪器是否已经稳定等。

（3）注意检查进样口密封垫是否更换，以防进样时漏气。

（4）进样要"三快"：进针要快、推针要快、取针要快。

（5）进样要"三防"：防漏气、防气样失真、防操作条件的变化。

第三节　案例分析

【例 9-1】油色谱分析发现高压电抗器存在潜伏缺陷

某 1000kV 特高压变电站线路高压电抗器型号为 BKD-240000/1100，于 2013 年 9 月投入运行。2014 年 3 月 26 日，油中首次出现乙炔，含量为 0.39μL/L，2014 年 9 月 17 日对该台高压电抗器进行滤油，滤油后乙炔含量为 0。2014 年 11 月 29 日高压电抗器油中又出现乙炔，含量达到 1.65μL/L，之后乙炔含量增长明显，最大数值为 9.87μL/L。该台高压电抗器 2014 年 12 月 29 日～2015 年 1 月 4 日的离线色谱跟踪的上部、中部、底部油样的乙炔含量变化趋势如图 9-4 所示。

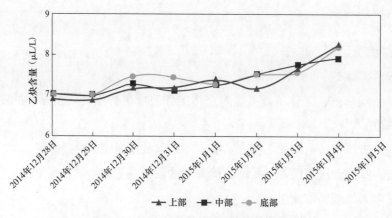

图9-4　线路高压电抗器乙炔的变化趋势

从图 9-4 中可以看出，除 2014 年 12 月 31 日外，2014 年 12 月 29 日～2015年1月 4 日离线色谱数据存在较为明显的增长。对离线色谱数据三比值结果进行分析，线路高压电抗器三比值变化趋势如图 9-5 所示。从图 9-5 中可以看出，离线色谱数据的三比值结果不论上部、中部和底部的油样结果均由低能放电（101、102、112）向电弧放电（202、211、212）发展，缺陷点劣化趋势明显。另外，在离线色谱跟踪过程中发现 CO 和 CO$_2$ 数据稳定，基本判定放电位置不涉及固体绝缘。

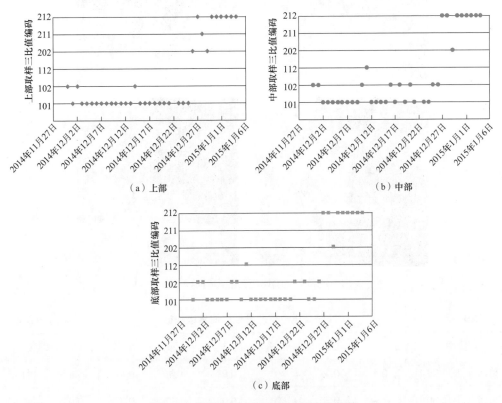

图9-5　线路高压电抗器三比值变化趋势

该台高压电抗器油色谱离线分析数据出现乙炔后，对其进行局部放电带电检测，通过高频电流法、超声波法及特高频法等多种检测方法，成功定位位于电抗器 X 柱器身接地结构件的放电点，2015 年 1 月 8 日对高压电抗器进行停电内部检查，证实定位点为疑似放电点并对其进行了处理，高压电抗器内检照片如图 9-6 所示。

2015 年 1 月 28 日该台高压电抗器重新投入运行，对其按照 1 天、4 天、7 天的周期要求进行油色谱离线分析。在 2015 年 1 月 29 日离线油色谱分析发现乙炔含量为 0.49μL/L，随后对其每天进行一次油色谱分析，直到 2015 年 2 月 10 日离线油色谱分析发现乙炔含量基本稳定在 0.59μL/L 左右。线路高压电抗器处理后油色谱数据见表 9-12，油色谱离线分析乙炔含量变化趋势图如图 9-7 所示。

图9-6   高压电抗器内检照片

表9-12   线路高压电抗器处理后油色谱数据   μl/L

日期	H_2	CH_4	C_2H_6	C_2H_4	C_2H_2	总烃	CO	CO_2
2015 年 1 月 29 日	0.5	0.33	0	0.08	0.4	0.81	5.87	121.43
2015 年 1 月 30 日	0.64	0.35	0	0.08	0.39	0.82	9.08	112.82
2015 年 1 月 31 日	0.75	0.25	0	0.08	0.42	0.75	4.79	77.74
2015 年 2 月 1 日	0.35	0.2	0	0.08	0.47	0.75	3.36	68.88
2015 年 2 月 2 日	0.95	0.3	0	0.08	0.49	0.87	5.58	101.89
2015 年 2 月 3 日	0.82	0.34	0	0.08	0.45	0.87	6.08	121.04
2015 年 2 月 4 日	0.91	0.35	0	0.1	0.53	0.97	6.24	173.12
2015 年 2 月 5 日	1.6	0.46	0.32	0.11	0.48	1.37	4.01	134.25
2015 年 2 月 6 日	1.62	0.42	0.08	0.09	0.49	1.09	4.44	154.25
2015 年 2 月 10 日	2.49	0.68	0.24	0.15	0.48	1.55	4.2	224.79

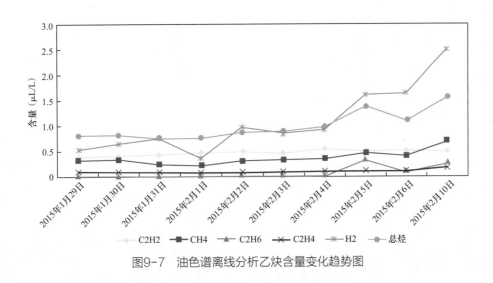

图9-7　油色谱离线分析乙炔含量变化趋势图

【例9-2】变压器油色谱分析异常

某 500kV 变电站 4 号主变压器型号 QDFS-334000/500，2016 年 12 月 27 日 13 时 10 分完成扩建启动第一次充电，2016 年 12 月 28 日中午 12 时，现场人员进行第一次取油开展油色谱分析，发现该台主变压器 C 相色谱数据与投运前试验数据比较有较明显变化。随后开展 2 天 1 次的跟踪检测，2016 年 12 月 30 日、2017 年 1 月 1 日的检测数据持续增长。2017 年 1 月 3 日首次出现总烃超标，为 178.35μL/L（注意值 150μL/L），乙炔含量为 0，三比值分析编码为 "022"，对应异常为 "高温过热"。后续加大跟踪频率，2017 年 1 月 4 日 11 时 30 分油样检测，首次发现乙炔，含量达 1.27μL/L，超过规程要求 1μL/L 的注意值。4 号主变压器 C 相历次油色谱检测数据见表 9-13，H_2、CH_4、C_2H_6、C_2H_4 趋势图，C_2H_2 趋势图，总烃趋势图分别如图 9-8 ～ 图 9-10 所示。

表9-13　　　　　　　　　　　4号主变压器C相油色谱数据　　　　　　　　　　μL/L

日期	设备名称	H_2	CH_4	C_2H_6	C_2H_4	C_2H_2	总烃	CO	CO_2
投运前	4 号主变压器 C 相	1	0.4	0.1	0.1	0	0.7	3	160
2016 年 12 月 28 日	4 号主变压器 C 相	4.85	2.62	0.78	3.52	0	6.92	4.26	96.80
2016 年 12 月 30 日	4 号主变压器 C 相	20.19	23.71	2.03	31.12	0	56.86	6.31	116.22
2017 年 1 月 1 日	4 号主变压器 C 相	38.69	45.11	5.16	53.10	0	103.37	7.21	126.52

续表

日期	设备名称	H₂	CH₄	C₂H₆	C₂H₄	C₂H₂	总烃	CO	CO₂
2017年1月3日	4号主变压器C相	69.17	79.08	12.14	87.13	0	178.35	11.27	179.17
2017年1月4日	4号主变压器C相	81.95	107.31	18.89	118.77	1.27	246.24	8.33	125.75
2017年1月4日 16时30分	4号主变压器C相	82.87	112.85	17.65	127.6	1.21	259.31	6.98	69.15
2017年1月4日 22时10分	4号主变压器C相	78.42	115.86	23.31	127.6	1.37	268.15	3.96	183.13
2017年1月5日 0时50分	4号主变压器C相	78.60	127.11	26.45	143.33	1.44	298.33	4.06	143.63
2017年1月5日 6时20分	4号主变压器C相	83.96	130.01	28.45	147.64	1.61	307.75	4.44	159.09
2017年1月5日 9时40分	4号主变压器C相	108.69	162.15	32.76	180.95	1.89	378.43	5.74	178.23

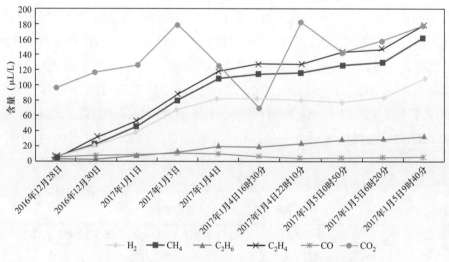

图9-8 4号主变压器C相H₂、CH₄、C₂H₆、C₂H₄趋势图

根据三比值法对1月3日后的异常油色谱数据进行分析计算，编码为"022"，属于高温过热缺陷（大于700℃）。

2017年1月4日，4号主变压器C相油色谱离线分析数据出现乙炔后，随即对其进行局部放电带电检测，发现C相铁芯、夹件高频信号具有典型局部放电特征，综合其他检测情况判断C相存在疑似内部放电现象，放电部位可能为变压器内部高压导体。

2017年1月8日，对4号主变压器C相开展了现场内检，检查发现该主变压器铁

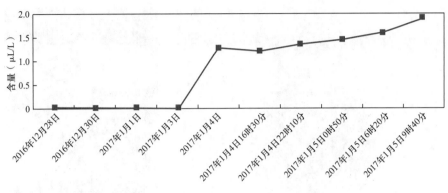

图9-9　4号主变压器C相C_2H_2趋势图

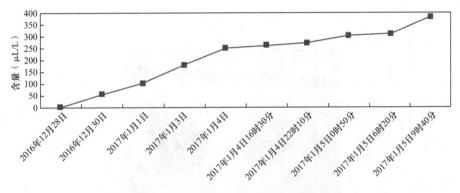

图9-10　4号主变压器C相总烃趋势图

芯主柱高压出线侧上梁与夹件连接处的一个紧固螺栓屏蔽帽存在过热痕迹。为进一步明确色谱超标原因，2017年3月13~14日，对该主变压器进行返厂解体检查。4号主变压器C相变压器返厂后进行解体检查，本次检查发现：

（1）该主变压器铁芯主柱高压出线侧夹件与上梁之间的紧固螺栓屏蔽帽对应处的上梁漆膜破损，存在过热烧蚀痕迹，与现场内检情况对应。铁芯主柱高压出线侧上梁过热痕迹如图9-11所示。

（2）检查该主变压器同位置处的紧固螺栓屏蔽帽，发现在所有24个紧固螺栓屏蔽帽中，部分屏蔽帽与上梁间距离偏小。另有23个紧固螺栓屏蔽帽对应处的上梁存在漆膜摩擦痕迹，由图9-12铁芯主柱高压出线侧上梁照片可见。分析认为，该摩擦痕迹可能为紧固螺栓旋紧过程中屏蔽帽与上梁摩擦所致。

（3）检查主变压器铁芯柱上梁和绑带，发现存在两处黑色污渍，如图9-13上梁及绑带处的照片所示。分析认为，该污渍为箱盖定位压钉发蓝处理产生的覆膜脱落混合油泥沉积导致。

<table>
<tr><td>（a）屏蔽帽对应处的上梁过热烧蚀痕迹</td><td>（b）紧固螺栓屏蔽帽烧损痕迹</td></tr>
</table>

图9-11　铁芯主柱高压出线侧上梁过热痕迹

图9-12　铁芯主柱高压出线侧上梁照片

（a）铁芯柱上梁黑色污渍　　　　　　　（b）绑带处黑色污渍

图9-13　上梁及绑带处的黑色污渍

（4）检查该主变压器高、中、低压绕组及调压绕组，铁芯屏蔽，油箱磁屏蔽等部位，未见明显异常。

第十章
SF₆气体状态检测技术

第一节 SF₆气体状态检测技术基本原理

一、SF₆气体分解产物检测技术基本原理

1.SF₆气体分解机理及产物

对于正常运行的 SF_6 电气设备，因 SF_6 气体的高复合性（复合率达99.9%以上），非灭弧气室中应无分解产物，对于产生电弧的断路器室，因其分合速度快，SF_6 气体具有良好的灭弧功能及吸附剂的吸附作用，正常运行设备中不存在明显的 SF_6 气体分解产物。

由于设备长期带电运行或处在放电作用下，SF_6 气体易分解产生 SF_4、SF_2 和 S_2F_2 等多种低氟硫化物。若 SF_6 不含杂质，随着温度降低，分解气体可快速复合还原为 SF_6。因实际应用的设备中 SF_6 含有微量的空气、水分和矿物油等杂质，上述低氟硫化物性质较活泼，易与氧气、水分等再反应，生成相应的固体和气体分解产物。

SF_6 电气设备发生缺陷或故障时，因故障区域的放电能量及高温产生大量的 SF_6 气体分解产物，放电下的 SF_6 气体分解与还原过程如图10-1所示。可见，SF_6 气体分解产物及含量的检测，对预防可能发生的 SF_6 电气设备故障及快速判断设备故障部位具有重要意义。

2.SF₆气体绝缘电气设备放电类型

在 SF_6 电气设备内，促使 SF_6 气体分解的放电形式以放电过程中消耗能量的大小分为三种类型：电弧放电、火花放电和电晕放电或局部放电。

在正常的操作条件下，断路器开断产生电弧放电，气室内发生短路故障也产生电弧放电。放电能量与电弧电流有关。

火花放电是一种气隙间极短时间的电容性放电，能量较低，产生的分解产物与电弧放电产生的分解产物有明显差别。火花放电常发生在隔离开关开断操作中或高压试

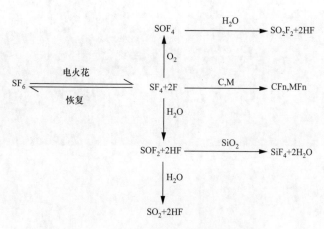

图10-1　SF_6气体分解与还原过程示意图

验中出现闪络时。

电晕放电或局部放电的产生，是由于在SF_6气体绝缘电气设备中，当某些部件处于悬浮电位时，会导致电场强度局部升高，此时设备中的金属杂质和绝缘子中存在的气泡导致电晕放电或局部放电。长时间的局部放电或电晕放电逐渐使SF_6分解，导致气室内腐蚀性分解产物的积累。局部放电的一个连续过程，在气室形成的分解产物的量与放电时间成正比。SF_6气体绝缘电气设备放电类型与特点见表10-1。

表10-1　　　　　　　　SF_6气体绝缘电气设备放电类型与特点

放电类型	放电产生原因	放电特点
电弧放电	断路器开断电流；气室内发生短路故障	电弧电流 $3 \sim 100$kA，电弧持续时间 $5 \sim 150$ms，释放能量 $1 \times 10^5 \sim 1 \times 10^7$J
火花放电	低电流下的电容性放电，高压试验中出现闪络后隔离开关开断时产生	短时瞬变电流，火花放电能量持续时间 μs 级。释放能量 $0.1 \sim 100$J
电晕放电或局部放电	场强太高时，处于悬浮电位部件、导电杂质引发	放电脉冲重复频率为 $100 \sim 10000$Hz，每个脉冲释放能量 $0.001 \sim 0.01$J，放电量值 $10 \sim 1000$pC

除上述三种能引起SF_6分解的主要放电过程外，过热作用也会促使SF_6气体分解。例如导电触头接触不良引起的过热。通过测定热分解产物可判定设备内部过热状况。

3. SF_6气体分解产物不同检测方法原理

设备中SF_6气体分解产物检测方法使用较多的有气相色谱法、气体检测管法和电化学传感器法，其中电化学传感器法在现场应用较广，提供了 SF₆ 气体分解产物检测技术的应用基础。

（1）气相色谱法。气相色谱法是以惰性气体（载气）为流动相，以固体吸附剂或涂渍有固定液的固体载体为固定相的柱色谱分离技术，配合热导检测器（TCD）、火焰光度检测器（FPD）、电子捕获检测器（ECD）、氢火焰离子化检测器（FID）和氦离子化检测器（PDD）等，可对气体样品中的硫化物、含卤素化合物和电负性化合物等物质灵敏响应，检测精度较高，主要用于实验室测试分析。

对于某些腐蚀性能或反应性能较强的物质如 HF 气体的分析，气相色谱法难以实现；同样因气相色谱法需由标准物质进行定量，在缺乏标准物质的前提下，其对分析物质的鉴别功能较差。

色谱法与其他方法配合可发挥更大的作用，色谱－质谱联用可有效分离具有相同保留时间的化合物，色谱－红外联用可解决同分异构体的定性。

GB/T 8905—2012《六氟化硫电气设备中气体管理和检测导则》中提出了 SF₆ 气体现场分析方法，采用配置 TCD 的气相色谱仪检测 SF₆ 气体中的 SO_2、SOF_2、空气和 CF_4 等杂质成分。目前，研制的便携式色相色谱仪（GC-TCD）可实现 SF₆ 气体绝缘设备内空气、CF_4 等组分的现场测试。

（2）气体检测管法。气体检测管法检测原理是应用化学反应与物理吸附效应的干式微量气体分析法，即"化学气体色层，分离（析）法"，被测气体与检测管内填充的化学试剂发生反应生成特定的化合物，引起指示剂颜色的变化，根据颜色变化指示的长度得到被测气体中所测组分的含量。检测管可用来检测 SF₆ 气体分解产物中 SO_2、HF、H_2S、CO、CO_2 和矿物油等杂质的含量。

图 10-2 所示为 SO_2 检测管（量程为 10μL/L）测量故障气体时呈现的填料变色照片。其中 HF 因具有强腐蚀性，使其现场检测手段受到较大限制，大多用气体检测管测量其含量变化。

图10-2　SO_2 气体检测管的填料变色

现场检测时，可直接利用设备压力给气体检测管进样，在设定时间内以标定的流速流过检测管，根据管内颜色变化的长度得到所测气体浓度，测量范围大，操作简便，分析快速，适应性较好，及具有携带方便，不需维护等特点，在断路器设备 SF_6 气体分解产物的现场检测中得到了广泛应用。但气体检测管的检测精度较低，受环境因素影响较大，且不同气体间易发生交叉干扰等现象，由此仅推荐其用于 SF_6 气体分解产物含量的粗测。

（3）电化学传感器法。现场仪器检测主要采用电化学传感器法。电化学传感器法的检测原理为：被测气体透过电化学传感器气体过滤膜，在传感器内发生化学反应，产生与被测气体浓度成比例的电信号，经对信号处理后得到被测气体浓度。电化学传感器具有较好的选择性和灵敏度，被广泛应用于 SF_6 气体分解产物的现场检测。

目前，已投入商业运行的传感器可检测出 SO_2、H_2S 和 CO 等气体组分（尚缺乏检测 CF_4 等其他组分的传感器）。基本满足 SF_6 气体分解产物现场检测的需求，具有检测速度快、效率高、数据处理简单、易实现联网或在线监测等优势，但应用中需解决传感器在不同气体之间的交叉干扰问题，分析仪器的温漂（零漂）特性和寿命衰减趋势，校准仪器的测量准确度和重现性等性能指标，确保 SF_6 气体分解产物检测结果的可靠性和有效性。

二、SF_6 气体湿度检测技术基本原理

1. SF_6 气体湿度检测原理

在 SF_6 电气设备带电运行情况下，采用 SF_6 气体湿度检测仪从取样口取样进行气体湿度检测，并以检测结果作为指导设备运行的依据。现场检测示意图如图 10-3 所示。

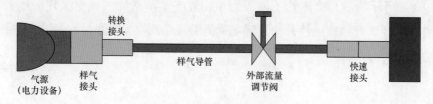

图10-3　现场检测示意图

2. SF_6 气体湿度检测仪器构成

SF_6 湿度检测仪器一般由检测单元、流量调节阀、信号采集、处理及显示单元等组成。湿度检测原理图如图 10-4 所示。

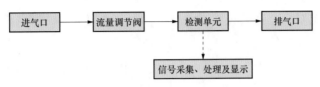

图10-4　湿度检测原理图

3. SF₆气体湿度不同检测方法原理

根据电力行业标准 DL/T 506—2018《六氟化硫电气设备中绝缘气体湿度测量方法》的推荐，SF₆气体湿度的常用检测方法有电解法、电阻电容法和冷凝露点法。

（1）电解法。电解法采用库仑法测量气体中微量水分，定量基础为法拉第电解定律。气体通过仪器时气体中的水被电解，产生稳定的电解电流，通过测量该电流大小来测定气体的湿度。

用涂有磷酸的两个电极（如铂和铑）形成一个电解池，在两个电极之间施加一个直流电压，气体中的水分在电解池内被作为吸湿剂的五氧化二磷（P_2O_5）膜层连续吸收，生成磷酸，并被电解为氢和氧，同时 P_2O_5 得以再生，检测到的电解电流正比于 SF₆ 气体中水分含量。该方法精度较高，适合低水分测量，但其干燥时间长，流量要求准确。

（2）电阻电容法。电阻电容法检测原理：当被测气体通过湿敏元件传感器时，气体湿度的变化引起传感器电阻、电容量的改变，根据输出阻抗值的变化得到气体湿度值。该方法的检测精度取决于湿敏传感器的性能。

阻容式湿度仪根据湿敏元件吸湿后电阻、电容的变化量计算出微水值，常用的湿敏元件有氧化铝和高分子薄膜两种。当水分进入微孔后，使其具有导电性，电极之间产生电流／电压，利用标准湿度发生器产生定量水分来标定电压—露点温度关系，根据标定的曲线测量湿度。该类仪器测量范围宽，响应快，需利用标准湿度发生器得到人工标定曲线，该曲线会随时间漂移，因此需经常校准，确保测量准确度。氧化铝湿敏元件是非线性元件，需多点标定才能保证在其测量范围内的每一段都具有相应的准确性；高分子薄膜湿敏元件可看作线性元件，理论上只需两点标定。

（3）冷凝露点法。现场仪器检测主要采用冷凝露点法。冷凝露点法检测原理：当一定体积的气体在恒定的压力下均匀降温时，气体和气体中水分的分压保持不变，直至气体中的水分达到饱和状态，该状态下的温度就是气体的露点。通常是在气体流经的测定室中安装镜面及其附件，通过测定在单位时间内离开和返回镜面的水分子数达到动态平衡时的镜面温度来确定气体的露点。一定的气体水分含量对应一个露点温度；

同时一个露点温度对应一定的气体水分含量。因此测定气体的露点温度就可以测定气体的水分含量。由露点值就可以计算出气体中微量水分含量,由露点和所测气体的温度可以得到气体的相对水分含量。露点法湿度检测仪器原理图如图 10-5 所示。

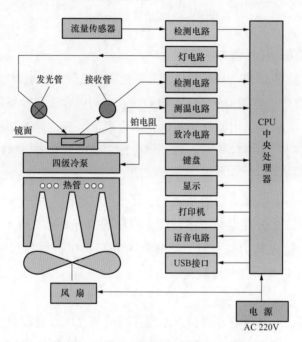

图10-5　露点法湿度检测仪器原理图

三、SF₆气体纯度检测技术基本原理

国际电工委员会(IEC)和各国制定了 SF₆ 新气(包括再生气体)质量标准,我国按 GB/T 8905—2012《六氟化硫电气设备中气体管理和检测导则》的规定执行,即 SF₆ 新气(包括再生气体)的纯度不低于 99.9%。SF₆ 新气的推荐分析方法为质量法,并参考 GB/T 12022—2014《工业六氟化硫》。

影响运行设备中 SF₆ 气体纯度的因素很多,例如:设备在充气和抽真空时可能渗入空气、杂质气体,设备的内部表面或绝缘材料混入到 SF₆ 气体中或气体处理设备(主要为真空泵和压缩机)中的油气杂质在气体循环过程中进入 SF₆ 气体中等。因此有必要定期开展 SF₆ 气体纯度带电检测。

1. SF₆气体纯度检测方法基本原理

SF₆ 气体纯度的主要检测方法有:电化学传感器法、气相色谱法(包括气相色谱—质谱联用法)、红外光谱法、化学分析法、检测管法和动态离子测试法等。其中应用较多的为电化学传感器法、气相色谱法和红外分谱法。

（1）电化学传感器法。纯净气体混入杂质气体或混合气体中某一气体含量发生变化时，必然会引起混合气体的导热系数发生变化，通过检测气体的导热系数的变化，便可准确计算出两种气体的混合比例，从而实现对 SF_6 气体含量的检测。该方法检测快速、操作简单、耗气量少且比较准确，但受传感器使用寿命限制。其中典型 SF_6 气体纯度热导传感器法原理图如图 10-6 所示。

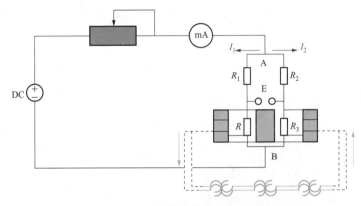

图10-6　典型SF₆气体纯度热导传感器法原理图

（2）气相色谱法基本原理。以惰性气体（载气）为流动相，以固体吸附剂或涂渍有固定液的固体载体为固定相的柱色谱分离技术，配合热导检测器（TCD），检测出被测气体中的空气和 CF_4 含量，从而得 SF_6 气体纯度。气相色谱法测量系统主要由气路系统、进样系统、分离系统、温控系统和检测记录系统等子系统构成，气相色谱法 SF_6 气体纯度检测原理图如图 10-7 所示。

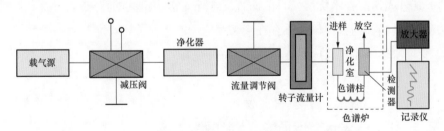

图10-7　气相色谱法SF₆气体纯度检测原理图

（3）红外光谱法。利用 SF_6 气体在特定波段的红外光吸收特性，对 SF_6 气体进行定量检测，可检测出 SF_6 气体的含量。典型色散型红外光谱法检测 SF_6 气体纯度原理图如图 10-8 所示。

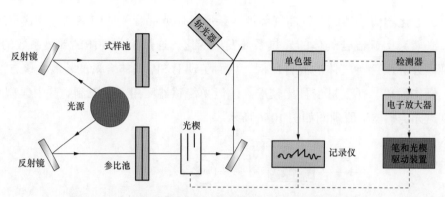

图10-8　典型色散型红外光谱法检测SF$_6$气体纯度原理图

2. SF$_6$气体纯度检测方法技术特点

（1）电化学传感器法技术优势。与其他SF$_6$气体纯度检测方法相比，热导传感器法主要体现出以下三方面优点：

1）检测范围宽，最高检测纯度可达100%。

2）系统集成度高，工作稳定性好。

3）使用单纯的热导传感器，检测装置结构简单，使用维护方便。

（2）气相色谱法技术优势。相比其他检测SF$_6$气体纯度方法，气相色谱法优点主要为：

1）检测范围广，定量准确。

2）检测耗气量少。

3）对C$_2$F$_6$、硫酰类物质等组分分离效果差。

（3）红外光谱法技术优势。目前而言，红外光谱法检测的特点有：

1）可靠性高，与其他气体不存在交叉反应。

2）受环境影响小，反应迅速，使用寿命长。

第二节　SF$_6$气体状态现场检测与判断

一、现场检测的基本要求

1. 人员要求

（1）熟悉现场安全作业要求，能严格遵守电力生产和工作现场的相关安全管理规定。

（2）现场作业人员身体状况和精神状态良好，个人工作服及安全用具齐全。

（3）了解被测六氟化硫电气设备的结构特点、运行状况。

（4）接受过专门的安全技术知识培训，具有相关的现场工作经验。

（5）现场检测人员应具备充气设备逆止阀发生故障的临时应急处置能力，防止运行设备发生大量气体泄漏。

2. 安全要求

（1）应严格执行 Q/GDW 1799.1—2013《国家电网公司电力安全工作规程（变电部分）》的相关要求。

（2）应严格执行发电厂、变（配）电站巡视的要求。

（3）检测至少由两人进行；并严格执行保证安全的组织措施和技术措施。

（4）试验人员与被试设备带电部位保持足够的安全距离。

（5）使用合适且合格的梯子（牢固无破损、防滑等），禁止两人及以上在同一梯子上工作。高处作业时必须使用安全带。

（6）仪器使用前外壳应可靠接地。

（7）测试过程中，被测设备出现明显异常情况时，应立即停止测试工作，撤离现场，并立即向运行人员汇报。

（8）检测前后，应对被测六氟化硫电气设备取样口进行检漏，确保无泄漏。

（9）检测后的尾气要进行回收。

3. 环境要求

（1）SF₆ 气体分解产物检测。

1）环境温度：−10～40℃（通用型），−25～40℃（低温型）。

2）相对湿度：不大于 85%。

3）海拔：1000m 以下。

（2）SF₆ 气体湿度检测。

1）环境温度：5～35℃。

2）相对湿度：不大于 85%。

3）推荐在常压下测量，在湿度仪允许前提下，可在设备压力下测量湿度，检测结果需换算到常压下的湿度值。

（3）SF₆ 气体纯度检测。

1）环境温度：−10～50℃。

2）环境湿度：相对湿度 5%～90%。

3）大气压力：80～110kPa。

4）特殊工作条件，由用户与供应商协商确定。

4. 仪器要求

（1）SF_6 气体分解物检测仪。

1）采用电化学传感器原理，能同时检测设备中 SF_6 气体的 SO_2、H_2S 和 CO 组分的含量。

2）对 SO_2 和 H_2S 气体的检测量程应不低于 $100\mu L/L$，CO 气体的检测量程应不低于 $500\mu L/L$。

3）检测时所需气体流量应不大于 300mL/min，响应时间应不大于 60s。

4）检测仪接口能连接设备的取气阀门，且能承受设备内部的气体压力。

5）应在检验合格报告有效期内使用，需每年进行检验。

6）根据性能指标不同，检测仪可分为 A 类和 B 类，A 类通常为高性能 SF_6 气体分解产物检测仪，B 类通常为普通性 SF_6 气体分解产物检测仪。

7）检测用气体管路应使用聚四氟乙烯管（或其他不吸附 SO_2 和 H_2S 气体的材料），壁厚不小于 1mm、内径为 2～4mm，管路内壁应光滑清洁。

8）气体管路连接用接头内垫宜用聚四氟乙烯垫片，接头应清洁，无焊剂和油脂等污染物。

9）示值误差。

a. SO_2、H_2S 含量在 0～$10\mu L/L$ 时，误差不大于 $1\mu L/L$。

b. SO_2、H_2S 含量在 10～$100\mu L/L$ 时，相对误差不大于 10%。

c. CO 含量在 0～$50\mu L/L$ 时，误差不大于 $3\mu L/L$。

d. CO 含量在 50～$500\mu L/L$ 时，相对误差不大于 6%。

e. HF 含量在 0～$10\mu L/L$ 时，误差不大于 $1\mu L/L$。

10）重复性：

a. SO_2、H_2S 含量在 0～$10\mu L/L$ 时，偏差不大于 $0.3\mu L/L$。

b. SO_2、H_2S 含量在 10～$100\mu L/L$ 时，相对偏差不大于 3%。

c. CO 含量在 0～$50\mu L/L$ 时，偏差不大于 $1.5\mu L/L$。

d. CO 含量在 50～$500\mu L/L$ 时，相对偏差不大 3%。

e. HF 含量在 0～$10\mu L/L$ 时，偏差不大于 $0.5\mu L/L$。

（2）SF_6 气体湿度检测仪。

1）仪器性能要求。

a. 测量量程：$-60～0℃$（环境温度 20℃）。

b. 示值误差：不超过 $±0.6℃$。

c. 响应时间：不超于 4min。

d. 重复性：RSD < 1%。

2）仪器功能要求。

a. 应具有以下湿度相关参数显示功能：露点温度（或霜点温度）、体积比。

b. 应具有标准大气压条件下的露点温度（或霜点温度）显示功能。

c. 应具有 20℃条件下体积比折算功能。

d. 应具有流量调节功能，最大流量不超过 1L/min。

e. 应具有数据存储、查询、输出功能。

f. 检测仪若具有打印功能，不宜使用热敏等不易保存方式。

（3）SF₆气体纯度检测仪。

1）仪器性能要求。

a. 测量量程：90%~100%（质量百分数）、65%~100%（体积百分数）。

b. 示值误差：不超过 ±0.2%（质量百分数）。

c. 重复性：不超过 0.1%（RSD）。

d. 分辨率：0.01%（质量百分数）。

e. 响应时间：不超过 60s［测量流量：（200±5）mL/min］。

2）仪器专项功能要求。

a. 应具有以 SF₆、空气为主要组分的体积分数、质量分数的结果显示功能。

b. 应具有开放式校准功能。

c. 应具有流量调节功能，最大不超过 300mL/min。

d. 应具有数据显示、存储、查询、输出功能。

e. 检测仪若具有打印功能，不应使用热敏等不易保存方式。

二、检测方法

1. 检测准备

（1）根据试验性质、设备参数和结构，确定试验项目，编写现场试验执行卡。

（2）了解现场试验条件，落实试验所需配合工作。

（3）组织作业人员学习作业指导书，使全体作业人员熟悉作业内容、作业标准、安全注意事项。

（4）了解被试设备出厂和历史试验数据，分析设备状况。

（5）准备试验用仪器，所用仪器良好，所用仪器应在校验周期内。

（6）按照准军事化要求开展工作。

2. 检测步骤

（1）SF₆气体分解物检测步骤。

1）检测前，应检查检测仪电量，若电量不足应及时充电。用高纯 SF_6 气体冲洗检测仪，直至仪器示值稳定在零点漂移值以下，对有软件置零功能的仪器进行清零。

2）用气体管路接口连接检测仪与设备，采用导入式取样方法就近检测 SF_6 气体分解产物的组分及其含量。检测用气体管路不宜超过 5m，保证接头匹配、密封性好，不得发生气体泄漏现象。

3）按照检测仪操作使用说明书调节气体流量进行检测，根据取样气体管路的长度，先用设备中气体充分吹扫取样管路中的气体。检测过程中应保持检测流量的稳定，并随时注意观察设备气体压力，防止气体压力异常下降。

4）根据检测仪操作使用说明书的要求判定检测结束时间，记录检测结果。重复检测两次。

5）检测过程中，若检测到 SO_2 或 H_2S 气体含量大于 $10\mu L/L$ 时，应在本次检测结束后立即用 SF_6 新气对检测仪进行吹扫，至仪器示值为零。

6）检测完毕后，关闭设备的取气阀门，恢复设备至检测前状态。用 SF_6 气体检漏仪进行检漏，如发生气体泄漏，应及时维护处理。

7）检测工作结束后，按照检测仪操作使用说明书对检测仪进行维护。

（2）SF_6 气体湿度检测步骤。

1）取样。

a. 冷凝式露点仪采用导入式的取样方法。取样点必须设置在足以获得代表性气样的位置并就近取样。典型取样系统如图 10-9 所示。

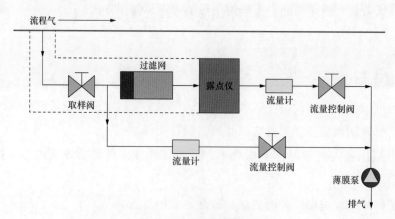

图10-9　典型取样系统

b. 取样阀选用固有体积小的针阀。取样管道选用长度不大于 2m、内径 2~4 mm 的不锈钢管、紫铜管，壁厚不小于 1mm 的聚四氟乙烯管等。管道内壁应光滑清洁。不允许使用高弹性材质的管道,如橡皮管、聚氯乙烯管等。

c. 增大取样总流量,在气样进入仪器之前设置旁通分道,是提高测量准确度和缩短测量时间的有效途径。

d. 环境温度应高于气样露点温度至少3℃,否则要对整个取样系统以及仪器排气口的气路系统采取升温措施,以免因冷壁效应而改变气样的湿度或造成冷凝堵塞。

2)试漏。将U形水柱压力计装接于仪器的排气口,调节系统压力,使压差为2000Pa+100Pa,关闭气样,0.5min后观察,1min内压差降应不超过5Pa。

3)测量。

a. 根据取样系统的结构、气样湿度的大小,用被测气体对气路系统分别进行不同流量、不同时间的吹洗,以保证测量结果的准确性。

b. 仪器操作程序按使用说明书进行,并从仪器直接读取露点值。

(3)SF₆气体纯度检测步骤。根据被测设备的结构、检测仪器的操作要求以及作业环境,将检测作业的全过程优化为最佳的步骤顺序,SF₆气体纯度检测流程图如图10–10所示。

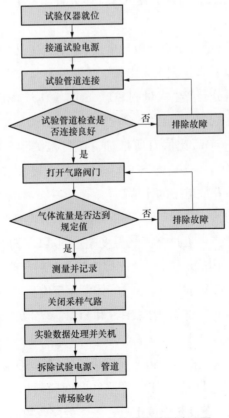

图10-10　SF₆气体纯度检测流程图

3. 检测终结

检测结束后应将被测设备恢复至工作许可时状态，并清理工作现场；填写"变电站设备检修记录和设备试验记录"，记录本次检修内容，有无遗留问题。进行自验收，特别检查设备上取样阀门有无漏气现象，自验收合格后申请验收。经验收合格后办理工作票终结手续。检测工作完成后，应编制检测报告，工作负责人对其数据的完整性和结论的正确性进行审核，并及时向上级专业技术管理部门汇报检测项目、检测结果和发现的问题。

三、诊断方法

1. SF_6 气体分解产物检测诊断方法

（1）设备放电缺陷的特征分解产物。SF_6 电气设备内部出现的局部放电，体现为悬浮电位（零件松动）放电、零件间放电、绝缘物表面放电等设备潜在缺陷，这种放电以仅造成导体间的绝缘局部短（路桥）接而不形成导电通道为限，主要因设备受潮、零件松动、表面尖端、制造工艺差和运输过程维护不当而造成的。断路器发生气体间隙局部放电故障的能量较小，通常会使 SF_6 气体分解。产生微量的 SO_2、HF 和 H_2S 等气体。

SF_6 电气设备由于内部绝缘缺陷导致导电金属对地放电及气体中的导电颗粒杂质引起对地放电时，释放能量较大，表现为电晕、火花或电弧放电，故障区域的 SF_6 气体、金属触头和固体绝缘材料分解产生大量的 SO_2、SOF_2、H_2S、HF、金属氟化物等。

在电弧作用下，SF_6 气体的稳定性分解产物主要是 SOF_2，在火花放电中，SOF_2 也是主要分解物，但 SO_2F_2/SOF_2 比值有所增加，还可检测到 S_2F_{10} 和 S_2OF_{10}，分解产物含量的顺序为 $SOF_2 > SOF_4 > SiF_4 > SO_2F_2 > SO_2$；在电晕放电中，主要分解物仍是 SOF_2，但 SO_2F_2/SOF_2 比火花放电中的比值高。

（2）设备过热缺陷的特征分解产物。SF_6 断路器因导电杆连接的接触不良，使导电接触电阻增大，导致故障点温度过高。当温度超过 500℃，SF_6 气体发生分解，温度达到 600℃时，金属导体开始熔化，并引起支撑绝缘子材料分解。试验表明，在高气压、温度高于 190℃下，固体绝缘材料会与 SF_6 气体发生反应，当温度更高时绝缘材料甚至直接分解，此类故障主要生成 SO_2、HF、H_2S 和 SO_2F_2 等分解产物。

设备发生内部故障时，SF_6 气体分解产物还有 CF_4、SF_4 和 SOF_2 等物质，由于设备气室中存在水分和氧气，这些物质会再次反应生成稳定的 SO_2 和 HF 等。大量的模拟试验表明，SF_6 分解产物与材料加热温度、压强和时间紧密相关，随气体压力增加，SF_6 气体分解的初始温度降低，若受热温度上升，气体分解产物的含量随之增加。

（3）设备缺陷的特征分解产物。SF₆断路器由于内部绝缘缺陷导致导电金属对地放电及气体中的导电颗粒杂质引起对地放电时，释放能量较大，表现为电晕、火花或电弧放电。

故障区域的 SF₆ 气体、金属触头和固体绝缘材料分解，产生大量的金属氟化物、SO_2、SOF_2、H_2S、HF 等。断路器发生气体间隙局部放电故障的能量较小，通常会使 SF₆ 气体分解产生微量的 SO_2、HF 和 H_2S 等组分。

因导电杆的连接接触不良，使导体接触电阻增大，导致故障点温度过高，当温度超过 500℃ 时，设备内的 SF₆ 气体发生分解，温度达到 600℃ 时，金属导电杆开始熔化，并引起支撑绝缘子材料分解，此类故障主要生成 SO_2、HF、H_2S 和氟化硫酰等分解产物。

因此，在放电和热分解过程中及水分作用下，SF₆ 气体分解产物主要为 SO_2、SOF_2、SO_2F_2 和 HF。当故障涉及固体绝缘材料时，还会产生 CF_4、H_2S、CO 和 CO_2。

2. SF₆气体湿度检测诊断方法

露点仪用冷堆制冷，用激光监测相平衡状态，用温度传感器直接测量镜面温度得到露点，检测准确度较高，但其易受到各种干扰因素的影响。

（1）低湿度的影响。对于露点仪来说，湿度越低越难测量，因为测量时不仅需要较大的制冷功率和较长的制冷时间，且因低湿度气体中水蒸气含量少，仪器的冷镜面上需收集到足够多的水分子才能建立气相平衡的稳定霜层。在这种情况下，仪器会指示已结露，示值会以极慢的速度上升，有时会使测试人员误以为已达稳定状态而读数，因而造成较大的测试误差。另外，正常情况下的露点仪示值变化呈阻尼振荡趋于稳定，应仔细观察测量过程中仪器读数变化，可区分测量是否准确。

某些露点仪增加了低湿测量时的快速稳定装置，若当镜面温度降到预先设定值仍未结露，则仪器自动向测量室注入一小股湿气，使镜面快速结露，缩短建立平衡时间。通过估计待测气体的湿度来确定预设温度，可有效缩短测量时间。但该功能的使用也受到诸多因素的制约，在某些情况下反而会产生振荡，使测量失败，此时须使该功能退出运行。

（2）温度的影响。由于露点仪是通过冷却镜面使水蒸气凝露来测量气体湿度的，因此环境温度的高低必然影响其制冷效果。对于大多数测量下限为 -60℃ 的露点仪，在炎热的夏季环境温度高时，测量湿度较低的气体，有可能出现仪器的制冷量达不到要求的情况，即镜面温度已无法再下降，始终不能结露。在这种情况下，根据理论分析，可采用提高测量室内的气体压力升高露点，利用换算的方法得到湿度测量值。但实际使用时，大多数情况下仪器示值会反复振荡，不能得到稳定值。由于压力升高后，SF₆

气体液化温度随之上升，测量过程中 SF_6 气体在镜面上液化，从而干扰测量。可见，湿度测量应避开高温天气。

（3）SF_6 气体凝华的影响。测量低湿度 SF_6 气体，特别是 SF_6 新气时，应注意控制降温范围，不使镜面温度低于 $-63.8℃$。因该温度是 SF_6 气体的升华点，如镜面温度低于该值，SF_6 气体会在镜面上固化，该固化物和水蒸气凝结成霜，可能会形成一种混合物，在温度上升到高于其升华点后并不消失，从而对测量结果造成较大的负误差。在典型的湿度测量中，读数可能偏低5℃左右。

（4）盐类的影响。用露点仪测量湿度，应避免盐类进入露点仪的取样管和测量室，如海边地区空气中的盐分、操作人员的汗水等。因为每种盐溶液有特定的蒸汽压，若盐类溶解于镜面的露中，则会改变两相的平衡状态，造成湿度测量误差。

3. SF_6 气体纯度检测诊断方法

开展 SF_6 气体纯度带电检测，能及时发现电气设备中 SF_6 气体纯度不足缺陷，可能存在的主要原因如下：

（1）SF_6 新气纯度不合格。SF_6 气体生产过程或出厂检测未达到标准要求，及 SF_6 气体的运输过程和存放环境不符合要求，SF_6 气体存储时间过长等。

（2）充气过程带入的杂质。设备充气时，工作人员未按有关规程和检修工艺要求进行操作，如设备真空度不够，气体管路材质、管路和接口密封性不符合要求等，导致杂质进入 SF_6 气体。

（3）绝缘件吸附的杂质。设备生产厂家在装配前对绝缘未做干燥处理或干燥处理不合格；解体检修设备时，绝缘件暴露在空气中的时间过长。

（4）设备内部缺陷产生的杂质。设备运行中，若发生了局部放电、过热等潜伏性缺陷或故障时，会产生硫化物、碳化物等 SF_6 气体分解产物，从而导致设备中 SF_6 气体纯度不足。

四、判断标准

1. SF_6 气体分解产物检测判断标准

为加强对 SF_6 电气设备的监督与管理，指导运行设备中 SF_6 气体分解产物的现场检测，国家电网公司企标 Q/GDW 1896—2013《SF_6 气体分解产物检测技术现场应用导则》提出了 SF_6 气体分解产物的检测周期和检测指标。在安全措施可靠的条件下，可在设备带电状况下进行 SF_6 气体分解产物检测，不同电压等级设备的 SF_6 气体分解产物检测周期列于表10-2中。

表10-2　　　　　　不同电压等级设备的SF₆气体分解产物检测周期

标称电压（kV）	检测周期	备注
750、1000	（1）新安装和解体检修后投运 3 个月内检测 1 次； （2）交接验收耐压试验前后； （3）正常运行每 1 年检测 1 次； （4）诊断性检测	诊断性检测： （1）发生短路故障、断路器跳闸时； （2）设备遭受过电压严重冲击时，如雷击等； （3）设备有异常声响、强烈电磁振动响声时
330~500	（1）新安装和解体检修后投运 1 年内检测 1 次； （2）交接验收耐压试验前后； （3）正常运行每 3 年检测 1 次； （4）诊断性检测	
66~220	（1）与状态检修周期一致； （2）交接验收耐压试验前后	
≤ 35	诊断性检测	

　　运行设备中SF₆气体分解产物的气体组分、检测指标和评价结果见表10-3，若设备中SF₆气体分解产物 SO_2 或 H_2S 含量出现异常，应结合SF₆气体分解产物的CO、CF_4 含量及其他状态参量变化、设备电气特性、运行工况等，对设备状态进行综合诊断。

表10-3　　　　　　SF₆气体分解产物的气体组分、检测指标和评价结果

气体组分	检测指标（μL/L）		评价结果
SO_2	≤ 1	正常值	正常
	1~5*	注意值	缩短检测周期
	5~10*	警示值	跟踪检测，综合诊断
	> 10	警示值	综合诊断
H_2S	≤ 1	正常值	正常
	1~2*	注意值	缩短检测周期
	2~5*	警示值	跟踪检测，综合诊断
	> 5	警示值	综合诊断

*　表示为不大于该值。

（1）灭弧气室的检测时间应在设备正常开断额定电流及以下电流 48h 后。

（2）CO 和 CF_4 作为辅助指标，与初值（交接验收值）比较，跟踪其增量变化，若变化显著，应进行综合诊断。

2. SF_6 气体湿度检测判断标准

（1）控制指标。

参考 GB/T8905—2012 和 Q/GDW 1168—2013 等标准及相关规程对运行设备中 SF_6 气体湿度检测的要求，电气设备的 SF_6 湿度控制指标见表 10-4。

表10-4　　　　　　　　　电气设备的 SF_6 湿度控制指标

气室类型	有电弧分解产物气室（μL/L）	无电弧分解产物气室（μL/L）	检测周期
交接验收值	≤ 150	≤ 250	110kV（66kV）及以上为 3 年；35kV 及以下为 4 年
运行注意值	≤ 300	≤ 500	

注　1. 新投运一个月内测一次，若接近注意值，半年之后应再测一次。
　　2. 新充（补）气 48h 之后至 2 周之内应测量一次。
　　3. 气体压力明显下降时，应定期跟踪测量气体湿度。

（2）检测结果分析。开展 SF_6 气体湿度检测，能有效发现电气设备内部是否存在水分超标及受潮、未装吸附剂等缺陷，设备中 SF_6 气体湿度超标的主要原因有以下几种：

1）SF_6 新气的水分不合格。SF_6 气体生产厂家未把关出厂检测，或 SF_6 气体的运输过程和存放环境不符合要求，或 SF_6 气体存储时间过长。

2）充气过程带入的水分。设备充气时，工作人员未按有关规程和检修工艺要求进行操作。如充气时 SF_6 气瓶未倒立放置，管路、接口不干燥或装配时暴露在空气中的时间过长等，导致水分进入。

3）绝缘件带入的水分。设备生产厂家在装配前对绝缘未做干燥处理或干燥处理不合格；解体检修设备时，绝缘件暴露在空气中的时间过长而受潮。

4）吸附剂的影响。若设备安装过程中忘记放置吸附剂，随着运行时间增加，导致设备中 SF_6 气体水分持续增加超标，通过检测 SF_6 气体湿度较易发现设备中忘装吸附剂或吸附剂失效等缺陷；吸附剂对 SF_6 气体中水分和各种主要的分解物都具有较好的吸附能力，如果吸附剂活化处理时间短，没有彻底干燥，安装时暴露在空气中时间过长而受潮，可能带入大量水分。

5）透过密封件渗入的水分。设备中 SF_6 气体压力比外界大气压高 4～5 倍，外界的水分压力比设备内部高。水分子呈 V 形结构，其等效分子直径仅为 SF₆ 分子的 0.7 倍，渗透力极强，在内外巨大压差作用下，大气中的水分会逐渐通过密封件渗入到设备中的 SF₆ 气体。

6）设备泄漏点渗入的水分。设备的充气口、管路接头、法兰处、铝铸件砂孔等均为泄漏点，是水分渗入设备内部的通道，空气中的水蒸气逐渐渗透到设备的内部，该过程是一个持续的过程，时间越长，渗入的水分就越多，使得 SF₆ 气体中的水分可能超标。若检测到设备中 SF₆ 气体湿度超标，应对设备中 SF₆ 气体进行换气处理，加强设备换气后的 SF₆ 气体湿度监测，确保设备运行状态正常。

3. SF₆ 气体纯度检测判断标准

结合 GB/T 8905—2012 和 Q/GDW 1168—2013 等标准及相关规程对运行设备中 SF₆ 气体检测的控制指标要求，电气设备 SF₆ 气体纯度控制指标见表 10-5。

表10-5　　　　　　　　　　电气设备SF₆气体纯度控制指标

项目	纯度指标（体积比，%）	检验周期
SF₆ 新气	≥ 99.9	解体检修后； 诊断性检测
运行中控制值	≥ 97	

当设备内 SF₆ 气体纯度较低时，将影响 SF₆ 气体的绝缘和灭弧性能，严重时导致设备发生放电、断路器开断失败等故障，对于运行设备中 SF₆ 气体纯度检测指标及评价标准见表 10-6。

表10-6　　　　　　　　运行设备中SF₆气体纯度检测指标及评价标准

检测指标（体积比，%）	评价结果	后续工作
≥ 97	正常	执行状态检修周期
95 ~ 97	跟踪	缩短检测周期，跟踪检测
< 95	处理	综合诊断，建议加强监护

五、注意事项

1. 安全注意事项

（1）开始工作前，工作负责人应对全体工作班成员详细交代工作中的危险点和注意事项。

（2）进入工作现场，全体检测人员应正确佩戴安全帽，穿绝缘鞋。

（3）确认安全措施到位，所有检测人员必须在明确的工作范围内进行工作。

（4）检测人员与被试设备带电部位保持足够的安全距离。

（5）使用合适且合格的梯子（牢固无破损、防滑等），梯子必须架设在牢固基础上（与地面夹角60°为宜）；禁止两人及以上在同一梯子上工作。高处作业时必须使用安全带，严禁上下抛接工器具等物品。

（6）在SF$_6$电气设备上工作的人员，必须经专门的安全技术知识培训，配置和使用必要的安全防护用具。

（7）SF$_6$设备发生大量泄漏等紧急情况时，人员应迅速撤离现场（若在室内则开启所有排风机进行排风），未佩戴防毒面具或正压式空气呼吸器人员禁止入内。只有经过充分的自然排风或强制排风，并用检漏仪测量SF$_6$气体合格，用仪器检测含氧量（不低于18%）合格后，人员才准进入。

2. 检测注意事项

（1）检测时，应认真检查气体管路、检测仪器与设备的连接，防止气体泄漏，必要时检测人员应佩戴安全防护用具。

（2）测量时缓慢开启气路阀门，调节气体压力和流量。测量过程中保持气体流量的稳定，并随时检测被测设备的气体压力，防止设备压力异常下降。

（3）定期对气体采集装置的流量计进行校准，确保检测结果的准确度；用采样容器取样检测前，应先检查采样器是否漏气，如有漏气现象，应及时维护处理；气体检测管应在有效期内使用。

（4）在安全措施可靠的前提下，进行SF$_6$气体状态检测。

（5）检测仪器的尾部排气应回收处理。